Heinz-Josef Engbring-Lammers

Grundwissen
Weiterbildung

Betriebswirtschaft für Nichtkaufleute

Cornelsen

Verlagsredaktion: Annette Preuß
Technische Umsetzung: TypeArt, Grevenbroich
Umschlaggestaltung: Gabriele Matzenauer, Berlin
Titelfoto: © Darkcloud/iStockphoto

Informationen über Cornelsen Fachbücher und Zusatzangebote:
www.cornelsen.de/berufskompetenz

Druck: H. Heenemann, Berlin

ISBN 978-3-06-151028-2

Inhalt gedruckt auf säurefreiem Papier aus nachhaltiger Forstwirtschaft.

Inhaltsverzeichnis

1 Einleitende Vorbemerkungen

Der Titel dieses Buches „Betriebswirtschaft für Nichtkaufleute" verspricht ein eindeutiges Angebot: Das Buch will dieses Wissensgebiet jenen Menschen näherbringen, die bisher die Betriebswirtschaftslehre infolge einer anderen beruflichen Orientierung nicht oder nur wenig zur Kenntnis genommen haben (und/oder wenig mit ihr anfangen konnten).

1.1 Schwierigkeiten mit der Betriebswirtschaftslehre?

Der Titel kann aber auch missverständlich aufgenommen werden. In ihm scheint die Unterstellung zu stecken, dass „Nichtkaufleute" ein besonderes Angebot benötigen, weil gerade sie Schwierigkeiten haben, Betriebswirtschaftslehre zu verstehen. Dies kann durchaus in einigen Fällen so sein, denn in den unterschiedlichen Weiterbildungsveranstaltungen lässt sich allenthalben beobachten, dass u.a. (sozial-)pädagogisch ausgebildete Menschen oder auch Berufstätige in technischen Berufen sich häufig mit der Betriebswirtschaftslehre schwertun.

Dies ist keinerlei Aussage über ihre geistigen Fähigkeiten oder über ihr Verstandesvermögen. Vielmehr scheint es an ihrer grundsätzlichen Ausrichtung, an ihrer Haltung, zu liegen: Das Bestreben von (Sozial-) Pädagogen geht dahin, Menschen bei ihrem Weg in die Gesellschaft oder bei einer nicht geglückten Integration in diese zu unterstützen. Ihr Nachdenken ist somit grundsätzlich auf eine Art von Hilfe für andere Menschen bzw. auf die Unterstützung von anderen Menschen gerichtet. Wie in Kapitel 2 deutlich wird, unterscheidet sich eine solche Haltung grundlegend von der Denkweise der BWL.

Menschen aus technischen Berufen sind es anscheinend gewöhnt (und vielleicht darauf angewiesen), in eindeutigen Wenn-dann-Beziehungen zu denken: Wenn sie zum Beispiel eine Brücke mit einer festgelegten Spannweite und einer festgelegten Tragfähigkeit konstruieren, dann benötigen sie entsprechende Materialien. Anders ausgedrückt: Wenn sie diese Materialien verwenden, dann werden die festgelegten Funktionen erfüllt. Derart eindeutige Wenn-dann-Beziehungen – das wird im weiteren Ablauf deutlich werden – gibt es in der BWL nur in Teilbereichen.

Daneben zeigen meine langjährigen Erfahrungen in der Erwachsenenbildung, dass auch ausgebildete Kaufleute Schwierigkeiten haben, zumindest Teile der BWL zu verstehen. An individuell unterschiedlichen Stellen kommt Verwirrung auf und manches Mal werden Sinnfragen geäußert: Was sagt mir das? Wozu muss ich das wissen?

Dies hat mit Sicherheit vielfältige Gründe. Zum einen mag es an der besonderen Lernsituation von berufstätigen Erwachsenen liegen. Nach einem anstrengenden Arbeitstag, in dem jeder damit beschäftigt ist, seine Aufgaben zu erledigen und die an ihn gerichteten Erwartungen zu erfüllen, fällt es schwer „umzuschalten". Irgendwie scheint die eigene „Festplatte" voll zu sein und ein Bezug zwischen der eigenen (betriebswirtschaftlichen!) Arbeitssituation und den Erklärungen der BWL will häufig nicht so recht gelingen.

Zum anderen mag es auch an den zurückliegenden Ausbildungen in kaufmännischen Berufen liegen, in denen die Auszubildenden mit Blick auf schulische Noten und Prüfungen vieles aus der BWL auswendig lernten und nach der Prüfung schnell wieder vergaßen oder es als „totes Wissen" nach wie vor besitzen, aber eben nicht kreativ, problem- und lösungsorientiert anwenden können.

Gründe lassen sich auch in der Betriebswirtschaftslehre selbst finden: Die gängigen Einführungen und Darstellungen entstammen zumeist den verschiedenen Hochschulen und richten sich an Vollzeit-Studierende. Diese lernen anders! Auch ist ihre „Festplatte" in der Regel nicht (so) „voll". Direkt von der Schule kommend, sind sie daran gewöhnt zu lernen, das heißt erst einmal: Informationen aufzunehmen und abzuspeichern. Nicht in der Praxis stehend, stellen sie auch nicht so häufig die angesprochene Sinnfrage.

Diese Einführungen orientieren sich zudem an den im akademischen Bereich gebräuchlichen Systematiken, die durch ihre komplexe Gliederung (teils bis in die fünfte oder noch tiefere Ebene) Solidität dokumentieren, die aber wenig Bezug auf den Erfahrungshorizont von berufstätigen Lernern nehmen.

Hinzu kommt, dass die gängigen Einführungen jeweils eine unterschiedliche Systematik haben. Bestimmte Themenbereiche werden in der einen Darstellung als Teilgebiet des Marketings, in der anderen als Aufgabe des strategischen Managements oder des Controllings beschrieben. Das ist sicherlich berechtigt und wohl auch manches Mal fruchtbar. Aber es entsteht bei den Lernenden auch der Eindruck von Beliebigkeit, der noch dadurch verstärkt wird, dass manche Begriffe mit unterschiedlichen Erklärungen verbunden werden. Selbst manche Formeln sind in den Einführungen und Formelsammlungen unterschiedlich. All das ist für Lernende eben auch verwirrend, zumal wenn diese immer auch die anstehende Prüfung im Auge haben.

Die Systematiken erwecken auch den Eindruck, als müsse BWL durchgängig sequenziell, Themengebiet für Themengebiet, gelernt werden. Es wird an mehreren Stellen in diesem Buch deutlich, dass für das Verständnis eines Themengebietes Erklärungen aus anderen Themengebieten absolut notwendig sind. Es scheint sogar so zu sein, dass in der BWL durchgängig komplex, d.h. in Bezügen und auch zirkulär gedacht wird: Die Erklärung aus einem Themengebiet erklärt ein anderes Thema – und umgekehrt. Genau das ist für Lernende ungewohnt, vor allem da die BWL durch ihre Systematik den gegenteiligen Eindruck erweckt.

Erschwerend ist zudem der Umstand, dass an manchen Stellen Kenntnisse der Mathematik erforderlich sind, die oberhalb der mathematischen Kenntnisse liegen, die für die Erreichung eines mittleren Schulabschlusses notwendig sind. Und selbst, wenn sie darunter liegen: Unser Gehirn funktioniert so, dass es das Wissen, das es nicht braucht, in den Hintergrund drängt. Es scheint vergessen zu sein.

1.2 Wer dieses Buch mit Gewinn nutzen kann

Dieses Buch wendet sich somit an alle, denen es bisher schwerfiel, einen produktiven Zugang zur BWL zu erhalten. Ihnen will es einen plastischen und lebendigen Einblick in das geben, was BWL zu erklären vermag und wozu sie nützlich ist. Es tut dies, indem es immer wieder Bezug auf verschiedene Situationen der Flott'n Bike GmbH – eines fiktiven Unternehmens – nimmt. Diese Situationen sind ansatzweise realistisch; es sind wirklichkeitsbezogene unternehmerische Situationen, die aber aus der Fantasie des Autors kommen. Sie erfüllen eine Funktion für die Darstellung der BWL in diesem Buch: Mit ihnen soll gezeigt werden, welche Erklärungen, Hilfestellungen und Lösungsansätze die Betriebswirtschaftslehre für praktische unternehmerische Probleme bietet. Insofern verbindet dieses Buch Theorie und Praxis.

Das vorliegende Buch versucht darüber hinaus stets, an die Erfahrungen der Leser/-innen anzuknüpfen, und dies sind meistens die Erfahrungen, die wir als Verbraucher in unserem normalen Alltag machen. Es versucht hiermit, Bekanntes (vorhandenes Wissen) mit Neuem zu verbinden.

Vor allem nach den Erkenntnissen der Neurobiologie ist unser Gehirn kein Behälter, der Wissen aufnimmt. Vielmehr ist es so strukturiert, dass Wissen in Form von Verbindungen im Gehirn besteht. Und neues Wissen entsteht dadurch, dass zu bestehenden Verbindungen neue hinzukommen.

Das Buch berücksichtigt auch den bekannten Satz, dass nur Systematisches gelernt werden kann. Diese Systematik unterscheidet sich jedoch teilweise erheblich von der Systematik, die in der BWL gepflegt wird. Im Hinblick auf das Lernen, das Verstehen von Sachverhalten, bedeutet Systematik, dass sich ein Sachverhalt aus dem anderem ergibt, dass er sich logisch aus dem anderen erschließen lässt. Dementsprechend wird in diesem Buch sehr viel Wert auf Erklärungen gelegt.

Dieses Buch kann insbesondere auch von denen mit Gewinn gelesen werden, die den Zertifikatskurs der IHKs „BWL für Nichtkaufleute“ absolvieren (möchten). Für sie ist es vorrangig geschrieben; sie erhalten mit ihm eine effektive Hilfe, das Zertifikat zu erwerben, indem es hinreichend auf die Prüfung vorbereitet.

Es kann sogar denjenigen, die sich zu Wirtschaftsfachwirten qualifizieren möchten, einen Einstieg liefern. Es bietet sogar eine (sehr) begrenzte Hilfe für die Vorbereitung auf die „Wirtschaftsbezogene (Zwischen-) Prüfung“, da am Ende jeden Kapitels Anregungen zum Weiterdenken wie auch Fragen und Aufgaben geliefert werden. Lösungen für diese finden sich am Ende des Buches.

Diese Hilfe ist insofern begrenzt, weil dieses Buch nur einen Überblick bereitstellt und bestimmte Themengebiete (z.B. Recht und Steuern, ausführliche Darstellung der Buchführung, weitere Bereiche der Kosten- und Leistungsrechnung usw.) nicht oder nicht in der geforderten Ausführlichkeit darstellt. Es sei ausdrücklich darauf hingewiesen, dass es zur Vorbereitung auf die abschließende „Handlungsspezifische

Prüfung" nicht ausreicht. Allen, die sich auf die beiden angesprochenen Prüfungen vorbereiten wollen, seien die Bände von Brakelmann/Härtl „Kompaktwissen und Prüfungsfragen für die wirtschaftsbezogenen Qualifikationen" und „Kompaktwissen und Prüfungsfragen für die handlungsspezifischen Qualifikationen" empfohlen.

In Verbindung mit diesen Büchern stellt das vorliegende Buch jedoch auch für die „Handlungsspezifische Prüfung" eine nicht zu unterschätzende Hilfe dar, da es genau dem Ansatz folgt, der auch für diese Prüfung grundlegend ist: Dort bekommen die Prüflinge immer ein Unternehmen in einer bestimmten Ausgangssituation und Problemlage vorgestellt, auf die sich dann die Prüfungsaufgaben beziehen, und sie sollen dann beweisen, dass sie zur Lösung praktischer unternehmerischer Aufgaben in der Lage sind.

Da die angesprochenen Prüfungen von vielen Erwachsenen als enorme und quälende Hürde empfunden werden, gibt es vor dem Lösungsteil ein paar Tipps, wie Sie sich stressfreier und mit größerer Aussicht auf Erfolg auf diese vorbereiten können.

Möglich wurde dieses Buch nur durch die vielen Teilnehmerinnen und Teilnehmer, die ich in den vergangenen Jahren an der IHK Bochum in verschiedenen Wirtschaftsfachwirt-Kursen ausbilden durfte und die alle erfolgreich die Prüfung ablegten. Ihre Fragehaltung sowie ihr beständiges Nachfragen und ihr Wille zum Verständnis halfen mir sehr. Ihnen möchte ich an dieser Stelle herzlich danken.

Die Anfänge der Flott'n Bike

Die Flott'n Bike ist eng mit der Person von Karl Trittfest verbunden. Karl Trittfest ist ausgebildeter Zweiradmechaniker und erfolgreicher Radsportler. Bei vielen Rennen zeigte er den anderen Radfahrern sein Hinterrad und errang etliche Siege. Er war sogar so erfolgreich, dass er für seinen Arbeitgeber, die Qualirad GmbH, nicht mehr voll arbeiten musste. Dieser stellte ihn in einem sehr weit gehenden Maße frei, damit er hinreichend Zeit für sein Training hatte und erfolgreich Rennen fuhr – mit dem Firmennamen seines Arbeitgebers auf dem Trikot, auf seinen Rennrädern, auf dem Mannschaftswagen. Zudem war Karl häufig in den Medien präsent – als der erfolgreiche Fahrer für Qualirad.

Aus irgendeinem Grund schaffte Karl Trittfest es nicht, Vollprofi im Radsport zu werden. Das ärgerte ihn; denn dies war immer sein sehnlicher Wunsch. Zudem ärgerte er sich über den Erfolg, den sein Arbeitgeber durch ihn hatte: Dieser konnte in den letzten Jahren seine Umsätze beachtlich steigern – nicht zuletzt dank Karls sportlicher Erfolge. Auch Kurts Know-how in der Rennradtechnik und seine guten Verbindungen zu den Zulieferern wie auch sein Bekanntheitsgrad in der gesamten Branche kamen seinem Arbeitgeber zugute.

So entstand irgendwann die Idee, ein eigenes Unternehmen zu gründen. Zusammen mit Franz Tüftler und Hans Schraube, seinen beiden Technikern (einer mit Ingenieur-Abschluss), die ihn auch beim Radsport betreuten, wollte er ein Unternehmen aufbauen, das sich auf hochwertige Rennräder und Mountainbikes spezialisiert, diese sogar auf Wunsch anfertigt und konfiguriert. Diese sollten dann über ausgesuchte Fachhändler vertrieben werden. Auch die bisherige Sekretärin der Qualirad GmbH, Karin Wird-Unterschätzt, wollte und sollte mitarbeiten, ebenso wie Hans Lerntschnell, der bei Qualirad gerade seine Ausbildung abgeschlossen hat. Alle arbeiten sie teilweise seit Jahren in den gleichen Unternehmen und dennoch plagen sie sich mit der Frage, was ein Unternehmen ist und was für sie anders wird, wenn sie ihr eigenes Unternehmen haben.

Ein eigenes Unternehmen zu gründen, lag bei Karl auch insofern nahe, als auch sein Vater schon Unternehmer war. Er hatte einen Metall verarbeitenden Betrieb sowie ein Unternehmen, in dem Pkws den Kundenwünschen entsprechend umgestaltet und „getunt" wurden. Sein Vater hat sich mittlerweile zur Ruhe gesetzt. Weil er keinen passenden Nachfolger fand, stehen die Betriebsstätten zurzeit leer.

Große Kenntnisse in BWL und Unternehmensführung haben alle nicht (zumindest schätzen sie es so ein). Karl setzt voll auf seine Erfahrungen in dieser Branche (sowie auf seinen Namen und seine guten Verbindungen). Er und seine Techniker vertrauen zudem auf die langjährige Erfahrung und die vielen Fähigkeiten von Karin Wird-Unterschätzt. Und Hans Lerntschnell hat doch gerade erst ein Berufskolleg besucht. Zudem gibt es ja kundige, betriebswirtschaftlich ausgebildete Menschen, die man fragen und um Hilfe bitten könnte. Und auch Lehrgänge bieten sich an.

Und dennoch bleibt im Hintergrund die quälende Frage: Welche betriebswirtschaftlichen Kenntnisse (und Fähigkeiten) benötigen sie, um ihr eigenes Unternehmen erfolgreich leiten zu können?

2 Womit beschäftigt sich die Betriebswirtschaftslehre?

Die schon angesprochenen Verwirrungen bei den Lernenden fangen manchmal schon bei dem Wort Betriebswirtschaftslehre bzw. bei der Darlegung der Grundlagen dieser Lehre an. Hier (und mehr noch in der Volkswirtschaftslehre) ist häufig von Knappheit der Güter (bei gleichzeitiger Unbeschränktheit der Bedürfnisse), dem (geradezu ewig geltenden) ökonomischen Prinzip oder den Wirtschaftlichkeitsprinzipien die Rede. Oder es wird zunächst auf Produktionsfaktoren hingewiesen, aus denen sich alles Weitere ergebe. Damit wird häufig als Einstieg eine Abstraktionsebene gewählt, die wenig hilfreich ist und für das, was die BWL auszeichnet, nicht unbedingt notwendig ist.

Nachvollziehbarer und aussagekräftiger ist es, von einer einfachen Festlegung auszugehen: „Die BWL stellt Unternehmen in den Mittelpunkt der Betrachtung" – so die Aussage in einer sehr brauchbaren Einführung in die BWL. Nun ist das Wort „Betrachtung" wohl unglücklich gewählt. Vielmehr sammelt die BWL Wissen über Unternehmen. Mit anderen Worten:

> *Betriebswirtschaft ist die Lehre, die sich mit Unternehmen, mit ihrer Organisation und ihren Aktivitäten innerhalb eines Umfeldes beschäftigt.*

2.1 BWL als Handlungswissen für Unternehmen

Nun kennt jeder Mensch die Namen führender Unternehmen, arbeitet häufig sogar in einem und doch bleibt die Frage offen, was Unternehmen sind. Den allgemeinen Definitionen zufolge sind Unternehmen „Wirtschaftseinheiten" oder auch Akteure, die auf Märkten aktiv sind. Auf diesen unterbreiten sie in erster Linie ihr jeweiliges Angebot, um durch den Verkauf ihres Angebotes für sich einen Überschuss, einen Gewinn zu erzielen.

Unterschwellig ist hiermit auch schon bestimmt, was Märkte sind: Auf ihnen bieten Verkäufer, Unternehmen also, Käufern, in anderen Worten: Kunden, ihr Angebot an – in der Hoffnung, dass diese es kaufen und dafür den geforderten Preis bezahlen.

Kunden, das sind zum einen wir Verbraucher, die – angetrieben durch vielfältige Bedürfnisse und Wünsche – die unterschiedlichsten Waren und Dienstleistungen nachfragen. Zum anderen treten auch Unternehmen ihrerseits als Kunden (Nachfrager) auf. Unternehmen kaufen von anderen Unternehmen Produkte, um diese, gegebenenfalls nach einer Veränderung (Produktion), wieder zu verkaufen.

Unternehmen handeln hierbei in aller Regel in einem Wettbewerb zueinander und damit als Konkurrenten: Ein jedes Unternehmen zielt darauf ab, den möglichst besten Zuspruch der Kunden zu bekommen, um so möglichst viel zu verkaufen, um so einen möglichst hohen Umsatz, um so einen möglichst hohen Gewinn zu erzielen. Und auch wenn ein Unternehmen etwas von einem anderen Unternehmen erwirbt, ist das Interesse an dem eigenen Erfolg immer auch gegenwärtig; es geht immer um den eigenen Vorteil (auch wenn man bisweilen dann besonders erfolgreich ist, wenn man darauf achtet, dass auch der Geschäftspartner seinen Vorteil hat).

Wenn BWL also Unternehmen in den Mittelpunkt ihrer Betrachtung stellt, dann tut sie das mit dem erklärten Ziel, Wissen und Fertigkeiten für die Tätigkeiten in Unternehmen bzw. sogar für deren Leitung bereitzustellen. Anders ausgedrückt:

> *Betriebswirtschaftslehre beschäftigt sich damit, wie ein Unternehmen handeln sollte (oder kann), was es alles berücksichtigen sollte (oder kann), damit es auf den Märkten erfolgreich ist.*

Worum es in der Betriebswirtschaftslehre geht, aus welcher Perspektive geschaut wird und welchen Erklärungswert betriebswirtschaftliche Aussagen haben, kann folgendes Bild verdeutlichen. Unternehmen lassen sich auch als motorisierte Verkehrsteilnehmer begreifen. Und die Spannbreite von einem kleinen Motorroller bis zu einem hochmotorisierten Pkw oder einem Lkw vermag einen (ungefähren) Eindruck von dem Größenunterschied von Unternehmen im Vergleich zueinander zu geben: Der kleine Kiosk ist ebenso ein Unternehmen wie ein multinationaler Konzern.

Im Unterschied zum realen Straßenverkehr, in dem die Verkehrsteilnehmer zu einem großen Teil unterschiedliche Ziele ansteuern, ist die Anzahl der Zielorte in unserem Bild erheblich eingeschränkt: Viele Unternehmen zielen auf die gleichen Kunden ab und das Unternehmen, das zuerst das beste und vorteilhafteste Angebot unterbreitet und absetzt, hat Erfolg – zum Nachteil der anderen.

Ein jeder wird also versuchen, bei gebotener Beachtung der (Straßenverkehrs-)Vorschriften, den für ihn optimalen Weg zu fahren, um möglichst zeitig (vor den anderen) am Ziel anzukommen. Ein jeder wird bestrebt sein, über ein möglichst passendes, leistungsstarkes und effizientes Fahrzeug (Unternehmensorganisation und Unternehmensstrategie) zu verfügen und zur passenden Zeit, den günstigsten Kraftstoff einzukaufen (Beschaffungsmanagement).

Für die erfolgreiche Teilnahme an dieser Art von Verkehr stellt die Betriebswirtschaftslehre das erforderliche Wissen bereit. Anders ausgedrückt: Ohne betriebswirtschaftliche Kenntnisse und Fertigkeiten (und ohne unternehmerisches Geschick!) würde man es außerordentlich schwer haben, an diesem Verkehr teilzunehmen – genauso wie ein Teilnehmer im realen Straßenverkehr, der die Verkehrsregeln nicht kennt und nicht in der Lage ist, sein Kraftfahrzeug zu führen, schnell scheitern würde.

Die Kenntnisse, die die BWL in diesem Zusammenhang vermittelt, beziehen sich zu einem großen Teil darauf, den Überblick über die aktuelle Fahrleistung bzw. Geschwindigkeit (Kosten- und Leistungsrechnung), den eigenen Ressourcen-/Kraftstoffverbrauch (Kostenrechnung) wie auch Hinweise auf eine mögliche Überhitzung oder andere Schäden zu bekommen. Im Unterschied zu den gebräuchlichen Kraftfahrzeugen haben Unternehmen keine bequem zu lesenden Armaturen, sondern müssen sich mithilfe eines zu erstellenden Rechnungswesens und des Controllings diesen Überblick selbst verschaffen. Was in der Folge auch heißt: Die Ergebnisse des Rechnungswesens müssen verstanden und interpretiert werden. Auch hierfür liefert die BWL das entsprechende Wissen.

Darüber hinaus ist die BWL so etwas wie ein Navigationsgerät. Es stellt Instrumente zur Verfügung, um herauszufinden, wie die Zielorte (Kunden) zu verorten sind und wie man bestmöglich zu ihnen kommt (Marketing). Ferner liefert es Hinweise, wie und wo ein Unternehmen sich bestmöglich mit Kraftstoff (und anderen Ressourcen) versorgen kann (Beschaffung) und wie es möglichst effizient (Kraftstoff sparend) mit ihm umgehen kann (Logistik).

Ein Rückgriff auf die obige Kurzdefinition und auf das erläuternde Bild macht deutlich, dass ein Blick auf das eigene Unternehmen nicht ausreicht. Soll ein Unternehmen erfolgreich geführt werden, muss von vornherein das Umfeld (die anderen Verkehrsteilnehmer und die Verkehrsregeln) mit in den Blick genommen werden.

Zum Umfeld von Unternehmen gibt es in den gängigen Einführungen die unterschiedlichsten Darstellungen und Begrifflichkeiten. Da ist bisweilen von Makroumwelten die Rede, zu denen auch die technologische bzw. ökologische Umwelt, manchmal sogar die Bildung gezählt wird. Die Benennung möglichst vieler Faktoren in der Umwelt lässt diese ungenau werden und eine Orientierung für das unternehmerische Handeln geht verloren.

Demgegenüber macht es mehr Sinn, nur die Akteure zur Umwelt von Unternehmen zu zählen, deren Handeln Auswirkungen auf ein Unternehmen hat oder die Ansprüche an ein Unternehmen richten können. Die neuere Managementlehre verwendet für solche Akteure den Begriff der Stakeholder. Mit diesem Begriff werden all jene bezeichnet, die an einem Unternehmen ein berechtigtes Interesse haben. In schematischer Darstellung werden folgende Stakeholder aufgeführt:

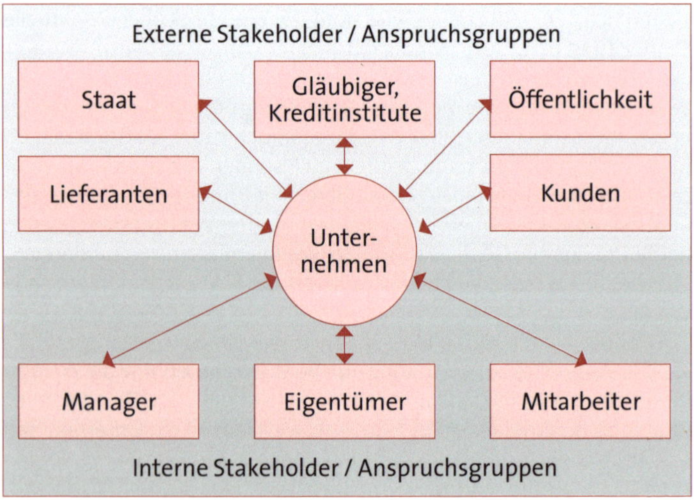

Abb. 1: Externe und interne Stakeholder

Auch in dieser Auflistung geht allerdings verloren, dass die Auswirkungen und Ansprüche der einzelnen Stakeholder von unterschiedlicher Tragweite sind. Wichtig ist es jedoch, an dieser Stelle festzuhalten, dass die Betriebswirtschaftslehre Wissen bereitstellt, damit ein Unternehmen die Ansprüche wahrnimmt und die notwendigen Austauschbeziehungen mit diesen Anspruchsgruppen gestalten kann.

> *Ein Unternehmen zu leiten (oder in ihm zu arbeiten) bedeutet immer, Interaktionsprozesse zu Kunden, zu Lieferanten und zu anderen Anspruchsgruppen zu gestalten.*

Es sei nachhaltig betont, dass dieses Wissen auf die Perspektive des Fahrers bzw. der Fahrzeuginsassen (des jeweiligen Unternehmens) bezogen ist – und eben dadurch auch begrenzt ist: Aus dieser horizontalen Sicht kann nur der unmittelbare Verkehr im Nahbereich überblickt werden. Ob hinter der nächsten Kurve ein Stau wartet, kann bestenfalls der Verkehrsfunk mitteilen, der den Verkehr aus der Vogelperspektive beobachtet. Als Verkehrsteilnehmer sehe ich ihn erst, wenn ich kurz hinter ihm bin und schon bremsen muss. Ob hinter der nächsten Kurve eine allgemeine Verkehrskontrolle (Betriebsprüfung) auf mich wartet und vielleicht schon ermittelt hat, dass ich zu schnell und vorschriftswidrig gefahren bin, kann aus dieser Perspektive ebenso wenig gesehen werden.

2.2 Der Staat als Stakeholder und die Bedeutung von Recht und Steuern

Als Stakeholder nimmt der Staat eine besondere Rolle ein. Ein Vergleich mit einem Lieferanten, der ja auch ein Stakeholder ist, macht dies unmittelbar deutlich: Ein Lieferant hat ein besonderes Interesse an einem bzw. an einigen Unternehmen (eben jenen, die er beliefert). Es ist immer eine wechselseitige Interaktion von dem Lieferanten zu dem jeweiligen Unternehmen. Sie ist zudem von einer begrenzten Macht gekennzeichnet: Wenn es keine Übereinkunft zwischen den Interessen der Unternehmen gibt, dann ist die Interaktion beendet.

Der Staat hingegen richtet Ansprüche an alle Unternehmen. Er ist kein auf den Märkten agierender Einzelakteur, sondern der Akteur, der fast alle Interaktionen auf den Märkten wie auch innerhalb der gesamten

Gesellschaft regelt. Seine Anprüche an die Akteure sind damit ganz anderer Art als die der Akteure untereinander. Auch ist seine Macht, seine Ansprüche durchzusetzen, deutlich anders. Seine Ansprüche, z.B. jener, dass die Unternehmen durch einen klar bestimmten Jahresabschluss Rechenschaft über ihre Vermögens- und Finanzlage ablegen müssen (vgl. Kap. 8.1), müssen befolgt werden.

Das maßgebliche Mittel, mit dem der Staat seine Ansprüche erhebt, sind Gesetze sowie die Kontrolle ihrer Befolgung. Ohne in den lang andauernden Streit einzusteigen, wie viele gesetzliche Regelungen für die wirtschaftlichen Akteure vorteilhaft sind, sei in diesem Zusammenhang darauf hingewiesen, dass Lernende der Betriebswirtschaftslehre einen Überblick über die maßgeblichen Gesetze benötigen.

- Zu nennen ist hier vor allem das Handelsgesetzbuch (HGB), das neben dem Bürgerlichen Gesetzbuch (BGB) wohl das wichtigste Gesetzeswerk darstellt. Während das BGB Beziehungen von Privatpersonen (z.B. als Schuldner und Gläubiger) untereinander regelt, enthält das HGB ergänzende Vorgaben für Personen, die am Handelsverkehr teilnehmen. Es ist somit ein Sonderprivatrecht für Kaufleute, das auch auf viele Schutzvorschriften, die für Verbraucher gelten, verzichtet.
- Ergänzt wird es durch verschiedene Gesetze, die sich direkt auf das Handeln der Unternehmen untereinander beziehen: Im Gesetz gegen Wettbewerbsbeschränkungen (GWB) werden u.a. Unternehmenszusammenschlüsse, die zu einer marktbeherrschenden Stellung führen, oder auch Missbrauch bestehender Marktmacht untersagt.
- Das Gesetz gegen den unlauteren Wettbewerb (UWG) verbietet u.a. Geschäftspraktiken, die die Interessen anderer Unternehmen schädigen.
- Des Weiteren gibt es verschiedene Einzelgesetze, die sich z.B. auf die unterschiedlichen Rechtsformen der Unternehmen (z.B. GmbHG, vgl. Kap. 4) beziehen, oder auch das Publizitätsgesetz (PublG), das festlegt, welche Unternehmen in welcher Form ihre Rechenschaftsberichte (vgl. Kap. 8) der Öffentlichkeit zur Verfügung stellen müssen.
- Zu nennen sind auch die veschiedenen Gesetze, die die Beschäftigung von Mitarbeitern regeln und im Arbeitsrecht versammelt sind. Sie legen für alle Angelegenheiten der Beschäftigung von

Arbeitskräften Mindeststandards (Arbeitszeit, Urlaub, Beschäftigung von Jugendlichen, Schutz werdender Mütter etc.) fest.
- Von Bedeutung sind auch das Tarifvertragsgesetz bzw. das Betriebsverfassungsgesetz wie auch das Mitbestimmungsgesetz. Durch sie wird zum einen Unternehmen(sverbänden) und Arbeitnehmer(verbände)n das uneingeschränkte Recht eingeräumt, alle Belange ihrer Zusammenarbeit in eigener Hoheit zu regeln. Zum anderen verpflichten sie die Unternehmen, ihren Mitarbeitern vielfältige Mitwirkungsmöglichkeiten an der Unternehmenspolitik einzuräumen.

Alle Gesetze unterliegen einer andauernden Überprüfung und Veränderung. Sofern es (aus Sicht des Staates) angeraten ist oder sofern wirtschaftliche Akteure auf eine Veränderung drängen, werden diese Gesetze der jeweiligen Situation angepasst und verändert. Im Detail ändern sich damit die Ansprüche des Stakeholders Staat an die Unternehmen. Diese sind dann aufgefordert, die geänderten Ansprüche aufzugreifen und in ihrem jeweiligen unternehmerischen Handeln zu berücksichtigen und zu befolgen. Für ein Unternehmen bedeutet das in der Folge auch, zügig Ideen zu entwickeln, wie es diese Ansprüche am besten in seinem Interesse umsetzt.

Dieser kreative Umgang mit den Vorgaben des Staates bezieht sich auch auf die Steuern, die von Unternehmen erhoben werden. Auch hierbei stützt der Staat sein Handeln auf diverse, laufend angepasste Steuergesetze sowie auf die Abgabenordnung (AO) der Finanzbehörden.

> ***Steuern erhebt der Staat, um einerseits hinreichende finanzielle Mittel für sich als Organisation zu haben bzw. um andererseits Wirtschaft und Gesellschaft in einer von ihm gewünschten Weise zu lenken.***

Wichtig ist die Vergegenwärtigung, dass nicht der Wunsch nach einem eigenen Gewinn ihn antreibt, wenn er Steuern von Privatpersonen und Unternehmen erhebt – obwohl die Menge und (je nach Bewertung) die Höhe der unterschiedlichen Steuern, diesen Eindruck erwecken können.

Der unternehmerische Gewinn wird dabei durch drei unterschiedliche Steuern belastet: durch die Einkommenssteuer, durch die Gewerbesteuer sowie durch die Körperschaftssteuer, die sich an Kapitalgesellschaften (vgl. Kap. 4) richtet.

Daneben unterliegen alle Leistungen, die Unternehmen auf den Märkten anbieten, der Umsatzsteuer. Benannt ist damit eine Steuer, die besser unter der Bezeichnung Mehrwertsteuer bekannt ist. Sie wird letztlich von den Endverbrauchern getragen, wird aber von den Unternehmen an den Staat abgeführt. Daneben existieren vielfältige andere Verbrauchssteuern, die den Verbrauchern vor allem in Gestalt der Energiesteuer gegenwärtig sind, wenn sie mit jedem Liter Dieselkraftstoff rund 50 Cent in den Staatshaushalt einzahlen.

Die Flott'n Bike und die Unternehmenssteuern

Karl und seine Leute sind erschrocken und erleichtert. Erleichtert, weil sie das Prinzip der Umsatzsteuer erkannt haben und verstanden haben, dass diese Steuer keine finanzielle Belastung darstellt. Sie macht Arbeit, mehr nicht. Erschrocken, weil ihre Absicht, eine GmbH zu gründen, immer klarer geworden ist (vgl. Kap. 4).

Für Karl ist zudem schon lange klar, dass er Gesellschafter der Flott'n Bike und auch Geschäftsführer werden will. Wenn er das richtig verstanden hat, muss er viele Steuern bezahlen.

- *Als Geschäftsführer ist er bei Flott'n Bike angestellt, bezieht also ein normales Gehalt. Für dieses muss er Einkommenssteuer entrichten, so wie bisher als Angestellter bei Qualirad.*
- *Von dem Gewinn der Flott'n Bike müssen 15 % als Körperschaftssteuer an das Finanzamt überwiesen werden.*
- *Des Weiteren die Gewerbesteuer.*
- *Von seinem Gewinnanteil dann noch einmal Kapitalertragssteuer.*

In Karls Kopf schwirrt ein konkretes Szenario. Er listet seine Wünsche und Annahmen auf: Er will ein Geschäftsgehalt von 60.000 €; er wünscht sich einen Gewinn von 100.000 € für die Flott'n Bike; von diesem stehen ihm dann 60 % zur Verfügung. Allerdings müssen von den 100.000 € Gewinn Körperschafts- wie auch Gewerbesteuer bezahlt werden. Von seinem Gewinnanteil muss er Kapitalertragssteuer entrichten, zudem unterliegt sein Gewinnanteil wie auch sein Gehalt der Einkommenssteuer. Wie viel wird er letztlich noch bekommen? Ein Steuerberater wird es ihm sagen können, oder?

2.3 Das Verhältnis von Betriebswirtschafts- und Volkswirtschaftslehre

Die Betriebswirtschaftslehre versteht sich als Teil der Wirtschaftswissenschaften, zu der auch die Volkswirtschaftslehre gehört. Beide Fachgebiete werden häufig in direkter Folge unterrichtet, bisweilen werden sogar die Kenntnisse in beiden Fachgebieten in einer Prüfung abgefragt – obwohl sie im Ansatz und in ihren Erklärungsabsichten höchst unterschiedlich sind.

Vor dem Hintergrund des obigen Bildes fällt es leicht, das Verhältnis von Betriebs- und Volkswirtschaftslehre zu bestimmen. Im Unterschied zur BWL, die die Perspektive des Verkehrsteilnehmers (des Unternehmens) einnimmt und für die Unternehmen Handlungswissen bereitstellt, schaut die Volkswirtschaftslehre ähnlich wie ein Satellit aus einer Vogelperspektive auf die gesamte Verkehrssituation, sprich: auf die gesamte Wirtschaft eines Landes, einschließlich seiner Austauschbeziehungen mit anderen Ländern. Sie nimmt in den Blick, wie die Unternehmen handeln – sowohl untereinander als auch gegenüber den privaten Haushalten, also den Endverbrauchern. Ferner betrachtet sie das Verhalten der öffentlichen Haushalte, des Staates also, der in einem nicht unerheblichen Maße als Nachfrager auftritt und hierdurch auch eine Steuerungsfunktion übernimmt.

Aus dieser Perspektive von oben vermittelt die VWL ein Überblickswissen über die gesamte Wirtschaft.

Sie verfolgt damit auch andere Ziele: Sie ist nicht auf den Vorteil eines Unternehmens konzentriert, sondern sieht ein Unternehmen nur als Teil des wirtschaftlichen Gesamtzusammenhangs des jeweiligen Landes. Sie will dazu beitragen, dass dieser wirtschaftliche Gesamtzusammenhang, die Volkswirtschaft, eine „größtmögliche Wohlfahrt" erzielt. Zu diesem Zweck …

- untersucht sie u.a. die Wettbewerbssituationen auf den einzelnen Märkten (Wettbewerbsformen, Kooperations- und Konzentrationsprozesse) und beurteilt diese;
- verschafft sie sich einen rein quantitativen Überblick über die Wirtschaftsleistung (Volkswirtschaftliche Gesamtrechnung), ermittelt

die Veränderungen des Geldwertes und analysiert die Geschäftsbeziehungen auf den Weltmärkten (Außenwirtschaft);
- gibt sie Empfehlungen ab, wie die Wirtschaft gesteuert werden sollte (Wirtschaftspolitik), wie der Geldwert möglichst stabil gehalten werden kann (Geldpolitik), wie die Austauschbeziehungen mit anderen Ländern gestaltet werden sollten (Außenwirtschaftspolitik).

Dieses Überblickswissen richtet sich damit an jene Einrichtungen, die die Aufgabe haben, für ein möglichst reibungsloses Funktionieren des Gesamtzusammenhangs zu sorgen. Die VWL richtet sich also an staatliche Einrichtungen, die dieses Überblickswissen nutzen, um bestimmte Maßnahmen zu ergreifen. Beispielsweise entwickeln (oder verändern) sie bestimmte Rahmenbedingungen mithilfe neuer Gesetze oder sie greifen sogar direkt in den Wirtschaftsprozess ein, wie z.B. mit der heftig diskutierten Abwrackprämie und dem Konjunkturpaket II, das vielen Unternehmen Aufträge brachte (und weitere Folgen hatte, die hier nicht besprochen werden können).

Wichtig ist, dass die Volkswirtschaftslehre nur dann verstanden werden kann, wenn die komplett andere Perspektive und die andere Zielsetzung im Vergleich zur Betriebswirtschaftslehre beachtet wird.

Unternehmen sind ihrerseits gut beraten, wenn sie sich mit der Volkswirtschaftslehre auskennen und die von ihr bereitgestellten Erkenntnisse und Daten verstehen und für sich nutzbar machen.

2.4 Die Ziele von Unternehmen

In vielen Einführungen wird auf die Ziele, die ein Unternehmen verfolgt oder verfolgen soll, Bezug genommen. Manchmal werden sogar komplette Zielsystematiken entwickelt und der Unterschied von Zielkomplementaritäten (Übereinstimmung von Zielen) bzw. Zielkonflikten (oft mit grafischer Unterstützung) dargelegt. In der Folge bleiben bei Studierenden der BWL einige, häufig noch nicht einmal klar benennbare Irritationen.

Diese sind sogar dann vorhanden, wenn in knapper Form dargelegt wird, dass Unternehmen Formal-, Sach- und Humanziele verfolgen. Diese Ziele sind allesamt hochabstrakt. Zudem erweckt die bloße Auflistung den Eindruck, als handele es sich hierbei um Ziele, die gleichrangig zu verfolgen sind.

2.4.1 Der Zusammenhang von Formal-, Sach- und Humanzielen

Es ist wahrscheinlich hilfreicher, wenn man sich den folgenden Zusammenhang vergegenwärtigt und dabei noch einmal Rückbezug auf die allgemeine Definition von Unternehmen nimmt: Eine wirtschaftliche Organisation wird eben dadurch zu einem Unternehmen, dass sie auf Märkten aktiv ist und dort erfolgreich sein will.

Dieser Erfolg ist immer auch quantitativer Art: Ein Unternehmen muss mindestens (als absolute Untergrenze) so viele Einnahmen und Einkünfte (Geld) erzielen, wie es Ausgaben hatte, nach Möglichkeit mehr. Die Existenz eines Unternehmens ist also immer schon mit einem Ziel verknüpft: Mehr Einnahmen zu erzielen, als es für den Prozess der Leistungserstellung benötigt.

Ein Unternehmen ist also darauf aus, eine bestimmte Umsatzmenge zu erreichen, damit nach Abzug der Kosten (die eine Größe darstellen, die ihrerseits beeinflusst wird) ein bestimmter Gewinn bleibt. Dieser lässt sich auch unter dem Gesichtspunkt der Rentabilität betrachten, wobei in diesem Zusammenhang nur darauf geachtet wird, wie günstig das Verhältnis des erzielten Gewinns in Bezug auf das eingesetzte Kapital ist (vgl. hierzu Kap. 8.2.4.5 sowie Kap. 5.4.4).

Diese monetären (auf Geld bezogenen) Erfolgsziele werden in der BWL als Formalziele bezeichnet. Anders ausgedrückt: Von Formalzielen wird immer dann gesprochen, wenn die Ziele eines Unternehmens quantitativer Art sind und sich auf Geld beziehen. Manchmal werden in der Literatur diese Formalziele auch als Finanzziele bezeichnet.

Zu diesen Formalzielen gehört auch, dass ein Unternehmen stets seine Liquidität gewährleisten kann, d.h. immer über so viel Geld verfügt, dass es seine laufenden Ausgaben bezahlen kann.

Gewinn und Sicherstellung der Liquidität sind also die wichtigsten Formalziele eines Unternehmens.

Um Formalziele zu erreichen, muss ein Unternehmen immer auch Sachziele verfolgen. Anders ausgedrückt: Ohne die Verfolgung von Sachzielen kann es keine Verfolgung von Formalzielen geben. Das ergibt sich aus einer einfachen Überlegung: Wirtschaftlichen Erfolg hat ein Unternehmen nur dann, wenn es Nachfragern ein Leistungsangebot bietet, welches diese annehmen und dafür den gewünschten Preis bezahlen. Die Sachziele eines Unternehmens bestehen also darin, dass es sein Leistungsangebot so gestaltet, dass dieses Angebot von den Nachfragern akzeptiert wird. Hierzu gehört, dass z.B. die Produkte eines Unternehmens qualitativ besser werden, dass das Design der Produkte moderner wird etc.

Formalziele und Sachziele stehen damit nicht in einem Gegensatz, wie es bisweilen zu lesen ist, sondern in einem Zusammenhang:

> *Ohne die Verfolgung von Sachzielen ist die Erreichung von Formalzielen nicht möglich.*

Selbst Finanzdienstleister, die mit Geld handeln, haben als Sachziel, die Nachfrager mit Geld zu versorgen – und zwar in der Weise, zu den Konditionen, wie diese es benötigen. Nur dann erreichen die Finanzdienstleister ihr Formalziel der eigenen Gewinnerhöhung.

Die Verfolgung von Sach- und Formalzielen ist (in der Regel) an die weitere Voraussetzung geknüpft, dass in einem Unternehmen Mitarbeiter an ihrer Verfolgung, d.h. an dem Prozess der Leistungserstellung, mitarbeiten. Im Idealfall sollen sie es freiwillig, gut motiviert, im Bewusstsein der Bedeutung ihres spezifischen Beitrages für das Ganze und mit eigener Zufriedenheit (die motivierend wirkt) tun.

Ein Unternehmen sollte deshalb dafür Sorge tragen, dass Mitarbeiter in dieser Art mitwirken. Es sollte seinen Mitarbeitern Wertschätzung und Akzeptanz entgegenbringen, es sollte ihre Leistungen angemessen honorieren, es sollte ihnen Freiräume zur Selbstverwirklichung anbieten usw. Darüber hinaus muss und sollte es dafür Sorge tragen, dass die Mitarbeiter dem Unternehmensbedarf entsprechend qualifiziert werden – und zwar mit Blick auf ihre fachlichen, methodischen, sozialen und persönlichkeitsbezogenen Kompetenzen (vgl. Kap. 10).

Ähnliches gilt für andere Menschen, mit denen ein Unternehmen notwendigerweise umgehen muss: Kunden treten als Nachfrager an das

Unternehmen heran, andere als Lieferanten. Sie stehen zwar in einer rein geschäftlichen Beziehung zu dem Unternehmen, gleichwohl erwarten sie, dass diese Beziehung fair und mit Bezug auf ihre jeweilige Eigenart gestaltet wird.

In diesem Sinn verfolgt ein Unternehmen eben auch Humanziele. Auch wenn nicht in Abrede gestellt werden soll, dass es unternehmerische Führungskräfte gibt, die aufgrund ihrer Persönlichkeit (oder ihrer moralischen Gesinnung) einen sehr wertschätzenden, humanen oder sogar freundlichen Umgang mit ihren Mitarbeitern pflegen, so gilt doch, dass Humanziele in den Zusammenhang von Sach- und Formalzielen eingebunden sind.

Um Sach- und Formalziele zu erreichen, empfiehlt sich die Verfolgung von Humanzielen, bzw. – je nach Einstellung – um diese zu erreichen, ist die Verfolgung von Humanzielen notwendig.

2.4.2 Ziele müssen konkret sein: Der Zusammenhang von Ober- und Unterzielen

Durch die Aktivität von Unternehmen auf Märkten sind die Formalziele immer gegeben; ein Unternehmen, das keine Formalziele hat, ist nicht denkbar.

Die Formalziele sind aber abstrakt und damit nicht hinreichend handlungsanleitend. Die grundsätzlichen Ziele müssen deshalb mit Blick auf die augenblickliche Situation konkretisiert werden. So kann es in einer bestimmten Situation angeraten sein, das Gewinnziel ein Stück weit zurückzustellen, um zunächst ein Sachziel zu verfolgen oder um sich zunächst besser gegen einen Konkurrenten zu positionieren etc.

Bei einem Unternehmen, selbst bei einem kleinen wie der Flott'n Bike, kommt hinzu, dass dort arbeitsteilig gearbeitet wird: Jeder hat seine Aufgaben und durch die Bewältigung dieser Aufgaben sollen die jeweiligen Unternehmensziele erreicht werden.

Daher reicht es nicht, die Ziele mit Blick auf die jeweilige Situation konkret zu formulieren. Diese Ziele müssen in einem weiteren Schritt so bestimmt werden, dass ein jeder Mitarbeiter sie in seinem Aufgabenbereich verfolgt. Aus einem Oberziel, das für das gesamte Unternehmen gilt, müssen Unterziele entwickelt werden, es muss klar benannt werden, welche Ziele ein Unternehmensbereich und/oder eine Abteilung sowie jeder Einzelne zu verfolgen hat.

Die Ziele eines Unternehmens müssen mit ansteigender Konkretheit „heruntergebrochen" werden; nur dann bewirken sie eine Handlungsorientierung.

Im weiteren Verlauf muss dann deren Verfolgung überprüft und bewertet werden. Eine solche Überprüfung kann nur dann erfolgen, wenn die Zielerreichung messbar ist – was voraussetzt, dass die Ziele in quantitativer Hinsicht bestimmt sind. Mittlerweile hat sich die Erkenntnis durchgesetzt, dass Ziele – gerade im Bereich von Mitarbeiterführung – SMART sein müssen: spezifisch, messbar, attraktiv, realistisch und terminiert/terminierbar (wobei diese Abkürzungen manchmal mit anderen Adjektiven belegt sind).

Die bisherigen Ausführungen dürften unmittelbar nachvollziehbar sein. Nichts anderes – allerdings auf einem anderen Abstraktionsniveau – meint die Betriebswirtschaftslehre mit ihrer Behauptung, dass bei der Festlegung von Unternehmenszielen bestimmte Angaben gemacht werden müssen, und zwar zum:

- Zielinhalt: Was will ich erreichen? Ist dies hauptsächlich ein Formalziel (Umsatz- bzw. Gewinnsteigerung und/oder Kostenverringerung), ein Sachziel (Steigerung des Bekanntheitsgrades meiner Produkte) oder ein Humanziel (höhere Mitarbeiterzufriedenheit, Verringerung der Fluktuation)?
- Zielausmaß: Wie viel will ich erreichen? (Langt mir eine Umsatzsteigerung von 5 %?)
- Zeitbezug: Bis wann will ich die Ziele erreichen (nächstes Jahr)? In welcher Periode will ich sie erreichen (Monat, Quartal, Jahr)?
- Zielträger: Wer ist wie an der Erreichung der Ziele beteiligt (Abteilung, Mitarbeiter usw.)?

Ziele können auch als Absichtserklärungen über einen gewünschten Zustand in der Zukunft bezeichnet werden. Werden also Ziele formuliert, treffe ich eine Festlegung: So soll es in Zukunft (z.B. in einem Jahr) sein. Diese Festlegung bedeutet mit Sicherheit eine Handlungsorientierung: Das will ich erreichen. Sie bedeutet aber auch das Vorhandensein eines Prüfkriteriums und ermöglicht eine Angabe über Erfolg und

Misserfolg: Hat ein Unternehmen als Ziel die Gewinnsteigerung um 10 % formuliert, im Ergebnis aber nur eine Steigerung um 5 % erreicht, dann war es gemessen am eigenen Ziel nicht erfolgreich. Also besser keine Ziele formulieren?

Die Einstellung der Flott'n Bike zu Zielen und ihr weiteres Interesse an der BWL

Karl und seinem engeren Team sind Ziele nicht fremd. Im Vorfeld jedes Rennens hatten sie sich überlegt, was sie erreichen können. Sie hatten sich darüber informiert, wer an dem Rennen mitfährt, wie gut die Konkurrenten in Form sind usw.

Auch achteten sie auf den Zusammenhang der Rennen: Welches war vorher, welche kommen nachher usw.? Entsprechend legten Karl und sein Team fest, ob Karl auf Sieg fährt, ob er also alles gibt, oder ob er so fährt, dass er in der Spitzengruppe bleibt. Auch überlegten sie, mit welchem Rad er fährt, welche Gangschaltung (Zahnräder) er benutzt. Insofern klingt das sehr vertraut.

Gleichwohl wird Karl auch klar, dass Ziele ständig überprüft werden müssen. Ein Unternehmen und sein Umfeld sind in ständiger Veränderung, folglich müssen die Ziele mit Blick auf diese Veränderungen angepasst werden. Auch das „Herunterbrechen" und schließlich die Absprache mit den Mitarbeitern scheint ihm keine einfache Aufgabe zu sein. Und doch führt nichts an der Aufgabe vorbei, Ziele zu formulieren (und abzustimmen). Und so wird er sich gerne mit seinem Team zusammensetzen und Ziele für das erste Geschäftsjahr formulieren. Trotzdem stellt er sich die Frage, was ein Unternehmen alles leisten muss, um die selbst gestellten Ziele zu erreichen.

Fragen zur Vertiefung und Festigung

1. Welche erklärten Ziele verfolgt das Unternehmen, in dem Sie arbeiten?
2. Nennen Sie Unterschiede zwischen Betriebs- und Volkswirtschaftslehre!
3. Beschreiben Sie in Ihren eigenen Worten Formal-, Sach- und Humanziele und legen Sie den Zusammenhang zwischen ihnen dar!
4. Was ist damit gemeint, dass Ziele SMART sein sollen?
5. Erläutern Sie die Begriffe Zielinhalt, Zielausmaß, Zeitbezug, Zielträger!

3 Was ein Unternehmen alles leisten muss: Die betrieblichen Grundfunktionen

Grundfunktionen können in diesem Zusammenhang als die grundlegenden Aufgaben verstanden werden, die (fast) jedes Unternehmen, unabhängig von seinem jeweiligen Angebot, erfüllen muss.

3.1 Überblick über die betrieblichen Grundfunktionen

Wichtige Funktionen hatte Karl schon ins Auge gefasst: Bei speziellen Zulieferern wollte er die notwendigen Komponenten für seine Fahrräder beziehen (Beschaffung, Einkauf), um dann in der eigenen Werkstatt zum größten Teil bedarfsgerecht, nach den Wünschen der Kunden hochwertige Räder zu bauen (Produktion), die er dann über den Fachhandel verkaufen wollte (Absatz, Vertrieb). Klar war ihm dabei wohl auch, dass er die Komponenten und teilweise auch die Räder zumindest zwischenlagern müsste (Lager). Auch war ihm klar, dass ein Unternehmen eine Leitung braucht, die „sagt, wo es langgeht" und die verschiedenen Einzelaktivitäten koordiniert. An weitere betriebliche Grundfunktionen hatte er zunächst nicht gedacht; sie lagen nicht in seiner bisherigen Erfahrungswelt.

Ergänzend würden die Betriebswirte ihn darauf hinweisen, dass sein Unternehmen auch die Funktionen der Logistik und des Personalmanagements erfüllen müsse. Beides seien so genannte Querschnittsaufgaben, da sie alle weiteren Aufgaben auch betreffen. Ferner würden sie ihn auf die grundlegende Bedeutung des Marketings verweisen. Dieses sei entgegen der häufig anzutreffenden Verkürzung auf Werbung eine grundlegende Ausrichtung des gesamten Unternehmens auf den Absatz. Auch würden sie die Wichtigkeit eines gut funktionierenden internen und externen Rechnungswesens betonen. Des Weiteren müssten die notwendigen Investitionen sorgfältig geplant und ihre Finanzierung sichergestellt werden. Und schließlich – so die Betriebswirte weiter – müsste alles nicht nur kurzfristig, mit Blick auf einen reibungslosen Ablauf organisiert und kontrolliert, sondern mit Blick auf eine mittlere bis längere Zeitperspektive (strategisch) geplant werden.

Karl ist verwirrt, das sind in der Tat viele Funktionen. Er versucht, sich das Unternehmen seines Arbeitgebers zu vergegenwärtigen. Wo und wie und von wem werden diese Aufgaben bei Qualirad ausgeübt? Nach einigem Nachdenken fällt ihm durchaus ein, dass es bei Qualirad Abteilungsleiter gibt: für den Einkauf, für den Vertrieb und für die Finanzbuchhaltung. Ist das damit gemeint?

Seine Verwirrung verschwindet auch nicht, als ihm die Betriebswirte diese Grundfunktionen in einer schematischen Darstellung zeigen. Diese enthält u.a. die weiteren Informationen, dass es einen primären und sekundären Prozess bzw. einen Wertschöpfungs- und einen Unterstützungsprozess gibt. Und schon mit dem Begriff des Prozesses tut er sich schwer.

Abb. 2: Betriebliche Grundfunktionen

3.2 Der betriebliche Leistungsprozess

Betriebswirte würden noch einmal ansetzen und betonen, dass die genannten Grundfunktionen eine unterschiedliche Gewichtung hätten. Dass es also nicht darauf ankomme, sie „irgendwie" zu erfüllen (z.B. indem schlicht Verantwortliche für die einzelnen Aufgabenbereiche benannt werden). Entsprechend ihrer Bedeutung müssten alle Aufgaben in eine stimmige Beziehung und Abfolge zueinander gebracht werden, damit ein Unternehmen erfolgreich sein kann. Eigentlich sei, so die Betriebswirte, ein Unternehmen eine Art Orchester: Ein jeder würde sein Instrument spielen, aber nur zusammen, in Abstimmung auf die anderen Instrumente, könne die Sinfonie gespielt werden.

Zusätzlich zum Aspekt der Abstimmung komme noch der Aspekt der Abfolge, sodass man heutzutage stets von unternehmerischen Prozessen rede und in der geschickten Steuerung dieser Prozesse die Aufgabe der Unternehmensleitung sehe.

> *Unternehmerischer Erfolg stellt sich nur infolge eines abgestimmten und aufeinander folgenden, prozesshaften Zusammenwirkens der einzelnen Funktionen ein.*

Die größte Bedeutung komme dem Absatz zu. Wobei dieser im Marketing einen gleichgewichtigen bis bestimmenden „Bruder" habe. Jede unternehmerische Tätigkeit würde von dieser Funktion ihren Ausgangspunkt nehmen: Es könne nur das angeboten werden, was auch verkauft werden kann, für das eine Nachfrage (so konkret wie möglich) benannt und zahlenmäßig erfasst werden kann. Ohne Nachfrage, ohne die Möglichkeit, diese Nachfrage bedienen zu können, kann es keine unternehmerische Tätigkeit geben! Anders ausgedrückt:

> *Wo keine Nachfrage ist, gibt es auch keine unternehmerische Aktivität!*

Sodann müsse der Blick auf die Beschaffung gerichtet werden. Das Beschaffungsmanagement müsse sich mit der Frage beschäftigen, ob exakt das, was die Nachfrage wünscht, günstig und zuverlässig beschafft werden kann – sei es als Fertigprodukt oder als zu verarbeitender Rohstoff. Und auch die Erfüllung dieser Funktion sei von entscheidender Bedeutung.

Im Einkauf liegt der halbe Gewinn!

... so der markante und gut merkbare Satz der Betriebswirte, den sie mit einer einfachen Modellrechnung verdeutlichen.

Angenommen, die Flott'n Bike erzielt im ersten Geschäftsjahr mit einem Einkauf von 300.000 Euro einen Nettoumsatz (Erlöse) in Höhe von 500.000 Euro; und weiter angenommen, die Flott'n Bike schafft es, den Einkauf um 100.000 Euro (33 %) zu reduzieren, dann würde der Rohgewinn entsprechend um diese 100.000 Euro steigen. Dieser Wert macht schon 50 % des bisherigen Rohgewinnes aus.

Erlöse	500.000,00 €	500.000,00 €	
Einkauf	300.000,00 €	200.000,00 €	33 %
Rohgewinn	**200.000,00 €**	**300.000,00 €**	**50 %**
Rohgewinn in %	40 %	60 %	20 %

Oder anders ausgedrückt: Betrug zuvor der Anteil des Rohgewinns am Umsatz 40 %, steigt dieser Anteil durch den reduzierten Einkauf auf 60 % an, was immerhin einen Anstieg um 20 Prozentpunkte bedeutet.

Von ähnlicher Bedeutung sei die Produktion. Es soll genau das hergestellt werden, was die Nachfrage verlange, hierfür brauche das Produktionsmanagement genaue Informationen. Dem Produktionsmanagement müsse bewusst sein, dass Qualität nicht den Produkten selbst zukomme (und durch entsprechende Tests bewiesen werden könne), sondern dass Qualität das sei, was die Nachfrage den Produkten zuschreibe und von ihnen erwarte.

Die Produktion sei so zu planen und zu steuern, dass die nachgefragten Produkte in der richtigen Menge zum richtigen Zeitpunkt hergestellt werden, und das zu möglichst geringen Kosten. In der Produktion gehe es um Effizienz, d.h. um ein optimales Verhältnis zwischen dem definierten Nutzen und dem Aufwand.

Alle drei Funktionsbereiche (Beschaffung, Produktion und Absatz) stünden hierbei unter einem „logistischen Diktat". Die Logistik wirke vor allem in diese drei Grundfunktionen als „Querschnittsaufgabe" hinein. Das Logistikmanagement, so die weitere Erläuterung, beschäftige sich mit einem möglichst reibungslosen Material- und Informationsfluss (neben der immer wichtiger werdenden vorschriftskonformen und kostengünstigen Entsorgung bzw. der Vermeidung und Verwertung von Abfall). Das maßgebliche Sachziel der Logistik seien die so genannten „6 Rs":

> *Das richtige/geforderte Produkt in der richtigen Menge und richtigen Qualität zum richtigen Zeitpunkt am richtigen Ort und zu den richtigen Kosten!*

Es sei die weitere Aufgabe der Logistik, alles Überflüssige (z.B. überflüssige Wege, Mengen, Liegezeiten/Lagerungen, Handlungen, Zeit und damit Kosten) zu beseitigen. Durch die Verfolgung des oben angegebenen Sachzieles trage die Logistik entscheidend zur Verfolgung des Formalzieles (Gewinnsteigerung durch Kostenverringerung) bei.

3.3 Wertschöpfungs- und Unterstützungsprozess

Die zuerst genannten drei Funktionsbereiche stellten – so die Betriebswirte weiter – in jedem Unternehmen den so genannten Wertschöpfungsprozess (auch primärer Prozess genannt) dar. Nur in ihm würde Mehr-Wert geschaffen: Durch den Verkauf, in dem das, was beschafft und hergestellt wird, verwertet wird, erziele ein Unternehmen Einnahmen (Umsätze), deren Wert größer ist als die Ausgaben für Wareneinkauf und die Kosten für die Durchführung des gesamten unternehmerischen Leistungsprozesses. Vereinfacht ausgedrückt:

> *Wertschöpfung besteht darin, dass der Wert des Outputs (Verkaufsmenge) größer ist als der Wert des Inputs (Einkaufsmenge).*

Die anderen Funktionsbereiche hätten die Aufgabe, diesen Wertschöpfungsprozess so effizient (kostengünstig) wie möglich zu unterstützen. Zusammen bilden sie den so genannten Unterstützungsprozess (auch sekundärer Prozess genannt). Diese Unterteilung in Wertschöpfungs- und Unterstützungsprozess möge – so ergänzen die Betriebswirte – vielleicht schwer verständlich und auch künstlich erscheinen. Eine einfache Überlegung würde jedoch verdeutlichen, warum und inwiefern diese Unterscheidung so wichtig sei. Sollte auf dem Absatzmarkt eine noch unbefriedigte Nachfrage festzustellen sein, dann würde die Ausweitung der Vertriebsaktivitäten zu einem höheren Umsatz und damit zu mehr Wert führen, der sogar durch neue, kostengünstigere Beschaffung weiter erhöht werden könnte.

Eine Ausweitung der Aktivitäten im Rechnungswesen (oder in der EDV-Abteilung) sei eventuell unerlässlich, gleichwohl würde der erzielte Mehrwert nur geschmälert, da diese Ausweitung nichts zu der Erhöhung des Umsatzes beitrage. Selbst die existenziell wichtige Funktion der Finanzierung habe eher unterstützenden Charakter (vgl. Kap. 5).

Die Unterscheidung zwischen Wertschöpfungsprozess und Unterstützungsprozess konzentriert die Aufmerksamkeit der Unternehmensleitung und lenkt deren Arbeitseinsatz.

Verbesserungen beim Wertschöpfungsprozess erzielen somit eine unmittelbare Wirkung – im Unterschied zu Veränderungen im Unterstützungsprozess. Gleichwohl muss auch dieser immer wieder angepasst und unter Kostengesichtspunkten optimiert werden. Wichtig sei, dass dieser wie die gesamte Unternehmensorganisation „schlank“ sei, dass das Unternehmen sich auf seine Kernaufgaben konzentriere, kurze Wege beim Waren- und Informationsfluss habe und sich nicht mit Aufgaben beschäftige, die nichts mit der Kernaufgabe oder mit der notwendigen Erfüllung gesetzlicher Vorgaben zu tun haben.

Das gefällt Karl – und auch den anderen. Fahrräder sind „ihr Ding“! Die wollen sie bauen – besser als die anderen – und verkaufen – mehr als die anderen. Wie bessere Räder gebaut werden, wissen sie. Das ist ihre Kernkompetenz. Papierkram hassen sie schon seit ihrer Schulzeit. Diesen auf das Nötigste zu reduzieren, das wollen sie sich gerne zur Aufgabe machen. Bereitwillig wollen sie sich damit beschäftigen, wie ihr Unternehmen in vieler Hinsicht schlank und effizient werden kann. Prozesshaftes Arbeiten ist ihnen auch bekannt: Bei jedem Radrennen musste „Hand in Hand“ gearbeitet werden.

Für Karl kann es demnach losgehen! Die Leitung eines Unternehmens hat für Karl viel mit einem Radrennen gemeinsam: Letztlich muss man auf's Rad steigen und anfangen zu treten. Man muss sein eigenes Tempo finden, sich von den Konkurrenten nicht „verrückt" machen lassen, mit den eigenen Kräften haushalten, darauf vertrauen, dass genügend Kraft da ist und dass man hinreichend mit Flüssigkeit und Proviant versorgt wird. Und es muss gekämpft werden.

Umso erstaunter ist er, als er darauf hingewiesen wird, dass er zunächst eine Entscheidung über die Rechtsform seines Unternehmens treffen müsste. Bisher weiß er nur, dass das Unternehmen seines bisherigen Arbeitgebers eine GmbH ist.

Fragen zur Vertiefung und Festigung

1. Wie sind die betrieblichen Grundfunktionen in dem Unternehmen, in dem Sie arbeiten, organisiert?
2. Welche Aufgaben hat die Funktion des Absatzes für ein Unternehmen?
3. Unterscheiden Sie die Begriffe „primärer" und „sekundärer Prozess".
4. Legen Sie in eigenen Worten dar, was Sie unter Wertschöpfung verstehen!
5. Erklären Sie in Ihren eigenen Worten, was mit dem „logistischen Diktat" gemeint ist! Haben Sie praktische Beispiele?

4 Die Rechtsformen der Unternehmen

Wirtschaftliche Tätigkeiten finden immer unter staatlicher Regulierung statt – das war die entscheidende Aussage von Kapitel 2.2. Einen Bereich dieser Regulierung stellen die so genannten Rechtsformen der Unternehmen dar, die kaum im Erfahrungsbereich der Verbraucher liegen. Als Verbraucher stoßen wir manches Mal auf Ergänzungen hinter der Firmenbezeichnung von Unternehmen, z.B. wenn wir eine Handwerkerrechnung erhalten und dort hinter dem Firmennamen „Machtallesgut" auch die Ergänzung „GmbH" lesen. Oder wir nehmen eher zufällig weitere Ergänzungen zum Firmennamen zur Kenntnis: KG, e.K., OHG, bisweilen auch AG oder auch GmbH & Co. KG oder sogar UG (haftungsbeschränkt).

Wollen wir selber unternehmerisch tätig werden, ereilt uns die Entscheidung für eine Rechtsform in ähnlicher Weise wie die Flott'n Bike.

Beschäftigen wir uns näher mit der Betriebswirtschaftslehre, stoßen wir auf Tabellen oder Auflistungen, wie sie auch in diesem Kapitel zu finden sind (und ahnen vielleicht schon, dass wir diese Bezeichnungen einschließlich ihrer Unterschiede hinsichtlich der aufgelisteten Kriterien in einer Prüfung unbedingt wissen müssen!). Nicht ersichtlich ist damit, warum es diese Rechtsformen gibt und welche Funktionen sie erfüllen.

4.1 Rechtsformen als Regulationsinstrument

Um dies zu verstehen, lohnt es sich, zu dem oben benutzten Bild zurückzukehren. Fast jeder Teilnehmer am öffentlichen Straßenverkehr, der ein motorisiertes Fahrzeug benutzt, benötigt ein amtliches Kennzeichen. Über dieses kann der Fahrzeughalter, der Verantwortliche für das Fahrzeug, identifiziert werden und alle Verkehrsteilnehmer können sichergehen, dass sie für den Fall, dass sie in einem Unfall geschädigt werden, von der Versicherung des Unfallverursachers eine Entschädigung bekommen. Denn ohne die so genannte Haftpflichtversicherung abgeschlossen zu haben, bekommt er kein Kennzeichen und darf folglich nicht am Straßenverkehr teilnehmen.

Einen ähnlichen Zweck verfolgen die Rechtsformen der Unternehmen: Jedes Unternehmen muss – so die Vorgabe des Staates – vor der Aufnahme seiner Tätigkeit aus einer Auswahl möglicher Rechtsformen eine zu ihm passende Rechtsform wählen. (Im Laufe seiner Tätigkeit ist es dann gut beraten, von Zeit zu Zeit zu überprüfen, ob die gewählte Rechtsform noch passt.) Mit anderen Worten:

> *Eine unternehmerische Tätigkeit ist ohne die Entscheidung für eine Rechtsform nicht möglich!*

Der Blick des Staates auf den Geschäftsverkehr ähnelt dem, mit dem er auf den Straßenverkehr schaut. Er schaut auf die möglichen Risiken: So könnte es sein, dass ein Geschäftstreibender abwechselnd unter einer anderen Firmierung auftritt, je nach passender Situation ist er Kaufmann Jekyll oder Kaufmann Hyde. Vor allem nach einem Geschäft, das mit einem deutlichen Nachteil oder unter Umständen mit einem existenzbedrohenden finanziellen Schaden des Geschäftspartners endete, könnte ein Wechsel des Namens und/oder des Geschäftssitzes naheliegen. Gerade weil es im Geschäftsverkehr keine vorgeschriebene Haftpflichtversicherung (= Schädigungsversicherung) gibt, ist es umso wichtiger, dass klar ist, wer sich als Verantwortlicher hinter einer Geschäftsbezeichnung verbirgt. Oder anders ausgedrückt: Jedes Unternehmen benötigt die Sicherheit, dass es sich bei dem Unternehmen, mit dem es in geschäftlicher Verbindung steht, um eben genau dieses Unternehmen handelt.

In Entsprechung zum Straßenverkehr gibt es für den Geschäftsverkehr ein öffentliches Verzeichnis, das Handelsregister, in dem (fast) jedes Unternehmen verzeichnet ist. Dieses wird bei den Amtsgerichten geführt und kann von jedem eingesehen werden. Mit diesem Verzeichnis (mit seinen beiden Abteilungen A und B) kann jeder, der mit einem Unternehmen eine Geschäftsbeziehung eingeht, sich wichtige Informationen beschaffen. Dies sind nicht nur Angaben über den/die Eigentümer (Inhaber und Gesellschafter) und über die vertretungsberechtigten und damit verantwortlichen Personen, sondern auch über die Rechtsform sowie Angaben über das Geschäftskapital und schließlich sogar über die Geschäftsentwicklung.

> *Die Rechtsform, einschließlich der Notwendigkeit, sich in das Handelsregister eintragen zu lassen, schafft ein gewis-*

ses Maß an Verlässlichkeit sowie eine Risikoeinschätzung für Geschäftspartner.

Mit Blick auf die Unternehmen bedeutet dies, dass sie mit der Wahl einer Rechtsform eindeutige Signale an andere Unternehmen geben. Mit der Wahl teilen sie mit, dass andere Unternehmen überprüfen können:

- wer das jeweilige Unternehmen trägt / wem es gehört,
- wie die Vermögensverhältnisse sind und
- wie es „haftet" und wie groß damit das Risiko für Andere ist.

Der letztgenannte Punkt dürfte hierbei von entscheidender Bedeutung sein. Ein Unternehmen, das mit einem anderen Unternehmen in geschäftlicher Beziehung steht, braucht neben der Sicherheit, dass es sich exakt um dieses Unternehmen handelt, auch Angaben darüber, ob und in welchem Maße dieser Geschäftspartner seinen Verpflichtungen nachkommen kann.

Dies ist im Kern eine Frage nach den Vermögensverhältnissen. Sie geht aber über diese hinaus, da die Rechtsformen die Unternehmen in zwei Gruppen einteilen: Auf der einen Seite die Gruppe der Einzelunternehmen und Personengesellschaften, auf der anderen Seite die Gruppe der Kapitalgesellschaften.

1. Gruppe (Handelsregister Abteilung A)				2. Gruppe (Handelsregister Abteilung B)		
Einzelunternehmung	Personengesellschaften			Kapitalgesellschaften		
	GbR	OHG	KG	UG (haftungsbeschränkt)	GmbH	AG
Haftung auch mit dem Privatvermögen				Haftung nur mit dem Geschäftskapital		

Neben den vielen Unterschieden in den Details unterscheiden sich diese beiden Gruppen dadurch, dass Kapitalgesellschaften grundsätzlich nur mit ihrem Geschäftskapital haften, während die Unternehmen aus der anderen Gruppe auch mit dem Privatvermögen ihrer Eigentümer haften. Die volle Bedeutung ergibt sich erst aus einem konkreten Beispiel:

Beispiel

Hat z.B. ein Bauunternehmen für einen Bauträger die Zwischendecke in einem Hochhaus gebaut und hierbei solch fahrlässige Fehler begangen, dass die Zwischendecke einstürzt, dann haftet das Bauunternehmen für diesen Schaden.

Unternehmen aus der ersten Gruppe sind grundsätzlich verpflichtet, die erforderliche Haftungssumme auch mit ihrem Privatvermögen zu begleichen. Unternehmen aus der zweiten Gruppe, die Kapitalgesellschaften, haften nur mit ihrem jeweiligen Geschäftskapital. Reicht dieses nicht aus, um den Schaden zu decken, geht dies eindeutig zum Nachteil des Geschädigten. Einen Zugriff auf das Privatvermögen der Gesellschaftseigner hat er nicht.

Die Rechtsform allein ist damit schon ein wichtiger Hinweis, ein Signal, an die (möglichen) Geschäftspartner.

Dementsprechend muss jedes Unternehmen in seiner Firmenbezeichnung die Rechtsform angeben. Ein Unternehmen mag sich „Verkauftalles" nennen, benötigt aber auf jeden Fall als Ergänzung die Benennung der Rechtsform, sei diese nun GmbH oder OHG (für offene Handelsgesellschaft).

- Lautet die Bezeichnung „Verkauftalles OHG", dann ist klar, dass es sich um eine Personengesellschaft handelt, die im Handelsregister (Abteilung A) zu finden ist und mit ihrem Privatvermögen haftet. Diese Botschaft versteht der jeweilige (potenzielle) Geschäftspartner, und sofern er noch Zweifel hat, besorgt er sich neben den Informationen aus dem Handelsregister weitere Informationen über die Vermögenslage der Unternehmenseigner. Aber er weiß, dass er bis zur bitteren Grenze der Privatinsolvenz der Eigner an den Geldbetrag kommt, den dieses Unternehmen ihm eventuell schuldet.
- Ist die Bezeichnung „Verkauftalles GmbH", so ist klar, dass es sich um eine Kapitalgesellschaft handelt, die im Handelsregeister in der Abteilung B zu finden ist und die nur mit ihrem Geschäftskapital haftet.

Schon allein die Angabe, dass es sich bei diesem Unternehmen um eine Kapitalgesellschaft handelt, kann das Risiko der Geschäftspartner erhöhen. Sich über das Handelsregister und weitere Quellen keine Informationen zu besorgen, wäre Leichtsinn. Vor allem, weil sich hinter den

Kapitalgesellschaften Unternehmen mit höchst unterschiedlicher Leistungsstärke und Geschäftskapital verbergen können: Neben den AGs, die in der Regel über ein höheres Geschäftskapital als die vorgeschriebenen 50.000 Euro verfügen, gibt es die UG (haftungsbeschränkt), deren Geschäftskapital zwischen 1 und 24.999 Euro beträgt.

4.2 Rechtsformen als Entscheidungsproblem

Die staatliche Vorgabe, durch das Nadelöhr der Wahl einer Rechtsform zu gehen, stellt die meisten Unternehmen vor ein Entscheidungsproblem. Nur Kleingewerbetreibende und Angehörige der klar definierten „freien Berufe" müssen nicht die verschiedenen Kriterien abwägen, die bei der Wahl der Rechtsform bedacht werden müssen. Die anderen Unternehmen sind demgegenüber bei der Wahl der Rechtsform in erster Linie mit zwei gewichtigen Kriterien konfrontiert (die weitere Kriterien nach sich ziehen):

- Dies ist zum einen die Klärung der Frage, ob das Unternehmen in alleiniger Entscheidungsgewalt (Geschäftsführung) oder als Gesellschaft geführt werden soll. Dies ist zwar auch eine Frage danach, ob eine Person hinreichende Kompetenzen und die Finanzkraft hat, die Unternehmung allein zu tragen. Gesellschafter aufzunehmen, bedeutet aber immer auch, diesen Mitspracherecht über die Unternehmenspolitik einzuräumen.
- Zum anderen steht die Klärung der Frage im Raum, ob die Haftung bis ins Privatvermögen akzeptiert wird oder Privat- und Geschäftsvermögen klar getrennt werden.

Dabei kann die Entscheidung für eine alleinige Geschäftsführung mit der Entscheidung für die klare Trennung von Privat- und Geschäftsvermögen kombiniert werden: Die verbreiteten Kapitalgesellschaften GmbH und AG können auch von einer Person getragen werden.

Von außen betrachtet spricht viel dafür, eine Unternehmung in der Rechtsform einer Kapitalgesellschaft zu betreiben; die Haftungsbegrenzung auf das Geschäftskapital ist durchaus verlockend.

Allerdings sollten auch die Nachteile gesehen werden: Wegen der Haftungsbegrenzung hat eine Kapitalgesellschaft nur schlechte Möglichkeiten, sich bei einem Kreditinstitut fremdzufinanzieren.

Des Weiteren werden Kapitalgesellschaften steuerlich höher belastet als Einzelunternehmer bzw. Personengesellschaften. Unterliegt der Gewinn bei den zuletzt genannten Unternehmensformen lediglich der Einkommenssteuer, so wird der Gewinn einer Kapitalgesellschaft mit der Körperschaftssteuer belegt. Und auch der auf die Gesellschafter aufgeteilte Gewinn unterliegt zunächst der Kapitalertragssteuer und dann der Einkommenssteuer des Gesellschafters.

Ergänzend sei angemerkt, dass Kapitalgesellschaften nicht in den Genuss eines Freibetrages bei der nicht unerheblichen und von Stadt zu Stadt unterschiedlichen Gewerbesteuer kommen. Zusammenfassend lässt sich sagen:

Die Vorteile der Kapitalgesellschaften werden mit Nachteilen bei Besteuerung und Fremdfinanzierung erkauft.

Nicht vorhanden sind diese Nachteile bei einer Mischform: der GmbH & Co. KG. Sie ist eine Personengesellschaft, genießt also deren steuerliche Vorteile, obschon der Hauptgesellschafter eine Kapitalgesellschaft ist und damit nur mit dem Geschäftskapital haftet. Erwähnenswert ist noch die stille Gesellschaft, bei der angenommen wird, dass von ihr häufig Gebrauch gemacht wird. Ihr Prinzip besteht darin, dass eine Person „unsichtbarer" Gesellschafter eines Unternehmens wird, indem sie diesem Unternehmen Kapital zur Verfügung stellt.

Nachfolgende Tabelle stellt die wichtigsten Merkmale der einzelnen Unternehmensformen dar.

Rechtsform	Gründung/Startkapital	Haftung	Geschäftsführung	Gewinn/Verlust
Personengesellschaften				
Einzelunternehmen	formlos durch Eigentümer, kein Mindestkapital	unbeschränkt mit Geschäfts- und Privatvermögen	beim Eigentümer	Eigentümer erhält Gewinn und trägt Verlust
OHG	formlos, Vertrag empfohlen, mindestens 2 Personen, kein Mindestkapital	jeder Gesellschafter unmittelbar und unbeschränkt	jeder Gesellschafter	Gewinn: 4 % auf Einlage, Rest nach Köpfen, Verlust nach Köpfen

Rechtsform	Gründung/Startkapital	Haftung	Geschäftsführung	Gewinn/Verlust
GbR	formlos, mindestens 2 Personen, kein Mindestkapital	unmittelbar, gesamtschuldnerisch und unbeschränkt	gemeinsame Geschäftsführung oder nach Vertrag	nach Köpfen oder nach Vertrag
KG	mindestens 1 vollhaftender Komplementär sowie mindestens 1 teilhaftender Kommanditist, kein Mindestkapital	Komplementär: unbeschränkt, Kommanditist: nur mit Einlage	beim Komplementär, Kontrollrecht bei Kommanditisten	Gewinn: 4 % auf Einlage, Rest im angemessenen Verhältnis, Verlust: im angemessenen Verhältnis oder nach Vertrag
Kapitalgesellschaften				
UG (haftungsbeschränkt)	mindestens 2, höchstens 3 Personen, mit Mustervertrag, Mindestkapital 1 € (bis 24.999 €)	beschränkt auf Geschäftskapital	Geschäftsführer	vorgeschriebene Rücklage von 25 % des Gewinns, Rest nach Anteilen
GmbH	notarieller Vertrag, mindestens 1 Person, Stammkapital 25.000 €	Gesellschaft: nur Geschäftsvermögen; Gesellschafter: nur mit Einlage	durch Geschäftsführer	Gewinn: nach Geschäftsanteilen, Verlust: ggf. Nachschusspflicht
AG	mindestens 1 Person, Stammkapital 50.000 € aufgeteilt in Aktien	beschränkt auf Geschäftsvermögen, Aktionäre mit ihrer Einlage	durch Vorstand (von Gesellschaft bestellt u. kontrolliert)	Gewinn: Dividende pro Aktie, Verlust: aus Rücklagen

Abb. 3: Merkmale verschiedener Rechtsformen

Die Flott'n Bike und die Rechtsform

Karl Trittfest weiß nun schon mehr. Sein Entschluss steht fest: Zusammen mit Franz Tüftler und Hans Schraube will er eine GmbH gründen. Karin Wird-Unterschätzt und auch Hans Lerntschnell wollen bei Flott'n Bike arbeiten, aber nicht in den Kreis der Gesellschafter einsteigen. Es stand zwar auch für eine Zeit die Überlegung im Raum, eine Kommanditgesellschaft zu gründen. Ihr Prinzip, zwischen einem unbeschränkt haftenden Hauptgesellschafter, dem Komplementär, und den nur mit ihrem Geschäftsanteil haftenden Teilgesellschaftern, den Kommanditisten, zu unterscheiden, beeindruckte sie. Doch nach einer Zeit des Abwägens verwarfen sie diese Idee – ohne dass sie genau den Grund benennen konnten.

Nachdem die Entscheidung für die GmbH gefallen ist, steht für Karl auch fest, dass er 60 % des Geschäfts(stamm)kapitals übernimmt, während die beiden anderen jeweils 20 % übernehmen. Einig waren sich die drei auch darin, dass sie sogleich mit einem Stammkapital von 200.000 Euro starten werden. Des Weiteren will Karl – mit Zustimmung der beiden anderen – Geschäftsführer werden. Die drängten jedoch darauf, dass spätestens im zweiten Geschäftsjahr ein zweiter Geschäftsführer eingestellt wird, der sich genauer mit den kaufmännischen Aufgaben auskennt. Darauf ließ sich Karl gerne ein, weil alle drei sich schnell einig waren, dass Fritz Weißbescheid, ein langjähriger Freund, diese Funktion übernehmen soll.

4.3 Abschließende Bemerkungen

Die Betriebswirtschaftslehre behandelt die Rechtsformen häufig als grundlegende Entscheidung eines Unternehmens. Und in der Tat kann es sehr schwierig sein, sich mit Blick auf die gesetzlich vorgegebene Auswahl für eine Rechtsform zu entscheiden. Es sollte jedoch bedacht werden, dass ein Unternehmen im Laufe seiner Tätigkeit seine Rechtsform ändern kann. Ist die Entscheidung für eine Gesellschaft klar, dann kann zunächst eine Kommanditgesellschaft gegründet werden, die später in eine GmbH oder auch in eine GmbH & Co. KG geändert wird. Hat eine GmbH eine gewisse Größe erreicht und ist sie mit einem großen Kapitalbedarf konfrontiert, kann sie den Wechsel in eine Aktiengesellschaft anstreben. Genauso ist es möglich, als Einzelunternehmung zu starten, um diese dann in eine GmbH umzuwandeln. Die Perspektive ist dabei immer, was zu dem jeweiligen Unternehmen in seiner besonderen Situation am besten passt. Es geht um die kreative Anwendung der gesetzlichen Regelungen.

Auch die Flott'n Bike geht kreativ mit den Rechtsformen um. Karls Vater hat seinen Kindern das alte Betriebsgelände vermacht. Sein Teileigentum an diesem Gebäude hat Karl jedoch nicht in die GmbH eingebracht, vielmehr hat er zusammen mit seinen Geschwistern eine GbR gegründet (jeder ein Drittel des Gebäudes). Diese GbR vermietet der Flott'n Bike die benötigten Räumlichkeiten. Weitere Räumlichkeiten wurden anderen Mietern zur Verfügung gestellt. Die Mieteinnahmen fließen der GbR zu und unterliegen damit nur der Einkommenssteuer. In späteren Jahren gliedert die Flott'n Bike die Entwicklungsabteilung als selbstständige GmbH aus und vermarktet die Entwicklungen, die im eigenen Unternehmen nicht benötigt werden, an andere Unternehmen.

Aus der Perspektive des jeweiligen Unternehmens eine Entscheidung für eine Rechtsform zu treffen, bedeutet immer auch ein Abwägen: Was spricht für die eine Form und was für die andere Form? Wohl nie ist es ein eindeutiges „Wenn-dann". Häufig bleibt auch ein Rest willkürlicher Entscheidung: Ein Unternehmer, der seit jungen Jahren davon träumt, Vorstandsvorsitzender einer AG zu werden, wird vieles daransetzen, aus seinem Unternehmen eine AG zu machen, auch wenn andere eine GmbH für vorteilhafter halten würden.

Die Entscheidungsprozesse, die im Zuge der Rechtsformfindung oder ihrer Anpassung an die augenblickliche Unternehmenssituation stattfinden, sind zweifelsohne schwierig. Dennoch sind es nur unterstützende Entscheidungen. Aber auch die beste Rechtsformkonstruktion nützt nichts, wenn andere Unternehmensfunktionen nicht erfolgreich gemanagt werden.

Fragen zur Vertiefung und Festigung

1. Einmal unterstellt, Sie haben Gefallen an einer Geschäftsidee gefunden und wollen ein Unternehmen gründen. Welche Rechtsform würden Sie wählen? Aus welchen Gründen?
2. Welche Funktion erfüllen die Rechtsformen für die gesamte Wirtschaft?
3. Benennen Sie den grundlegenden Unterschied zwischen Personen- und Kapitalgesellschaft.
4. Welche Kriterien sind bei der Wahl einer Rechtsform zu beachten?
5. Warum haben GmbHs und auch UGs Schwierigkeiten, bei Geldinstituten Kredite zu bekommen?

5 Finanzierungs- und Investitionsmanagement

Die Flott'n Bike vor einem Finanzierungsproblem

Die Flott'n Bike will starten. Die diesjährige (Renn-)Radsaison ist vorbei und somit können die Vorbereitungen für die kommende Saison starten. Was auch heißt, dass es für die Flott'n Bike Zeit wird loszulegen. Es müssen Kundenbeziehungen aufgebaut werden, das Betriebsgebäude muss hergerichtet werden (dies betrifft vor allem die Werkstatt und die Produktionsräume), die Beschaffung muss organisiert werden, es muss weiteres Personal gewonnen, es muss ein gutes Warenwirtschaftssystem beschafft werden usw. Ferner ist davon auszugehen, dass in der Anfangszeit nur geringe Umsätze erzielt werden und diese erst nach Begleichung der Rechnungen als Einnahmen sichtbar werden. Die Flott'n Bike verfügt über ein Geschäftskapital in Höhe von 200.000 Euro. Doch wird es reichen?

5.1 Der Zusammenhang von Investition und Finanzierung

Die Notwendigkeit, über finanzielle Mittel zu verfügen, ist unmittelbar nachvollziehbar: Jedes Unternehmen benötigt sachliche Gegenstände, die zu Beginn und dann im Laufe der Zeit immer wieder angeschafft werden müssen, weil die vorhandenen abgenutzt sind bzw. nicht mehr dem Stand der Technik entsprechen oder auch in ihrer Menge nicht mehr ausreichen, weil das Unternehmen gewachsen ist. Ein Unternehmen muss also laufend investieren – es sei denn, es befindet sich in einer anhaltenden Phase des Misserfolges, sodass es sogar die sachlichen Gegenstände wieder verkaufen muss. (In diesem Fall spricht man auch von Desinvestition – das Gegenteil von Investition.)

In einer mehr betriebswirtschaftlichen Sprache ausgedrückt bedeutet dies, dass ein Unternehmen für seine Leistungserstellung unterschiedliche Ressourcen benötigt, die fortwährend beschafft werden müssen und somit zu einem Zahlungsmittelabgang führen.

Diesem Zahlungsmittelabgang muss ein (größerer) Zahlungsmittelzugang gegenüberstehen. Finanzierung als eine besondere unternehmerische Aufgabe ist damit die Sicherstellung dieses Zahlungsmittelzuganges. Dies ist insofern verwunderlich, weil ein Unternehmen die unterschiedlichen Ressourcen erwirbt, um einen Zufluss finanzieller Mittel zu erreichen. Verständlich wird dieses, wenn man bedenkt, dass Zahlungsmittelabgang und Zahlungsmittelzugang in zeitlicher Hinsicht teilweise erheblich auseinanderfallen. Aufgrund dieses zeitlichen Auseinanderfallens zwischen Zahlungsmittelabgang und Zahlungsmittelzugang gibt es eine Finanzierungslücke. Diese ist sogar grundsätzlicher Natur.

Nimmt man die Finanzierungslücke in den Blick, dann wird deutlich, dass sich Finanzierung nicht nur auf Investitionen, verstanden als Erwerb sachlicher Gegenstände, bezieht, sondern auch auf die Bereitstellung aller notwendigen finanziellen Mittel.

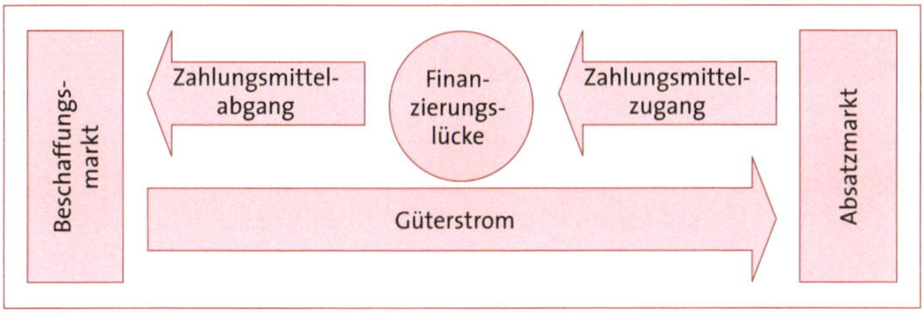

Abb. 4: Finanzierungslücke

Diese grundsätzliche Finanzierungslücke hat auch die Flott'n Bike GmbH. Ihr Geschäftszweck besteht darin, hochwertige Räder zu vertreiben, die der Kunde zu einem großen Teil selbst zusammenstellt. Sogar die Rahmen können den Kundenwünschen entsprechend gefertigt werden. Um dies zu realisieren, wird die Flott'n Bike die verschiedenen Komponenten (Gabel, Rahmen, Rohre, Schaltungen, Zahnräder etc.) bei verschiedenen Lieferanten beschaffen.

Wenn diese Komponenten bei der Flott'n Bike eintreffen, erwarten die Lieferanten eine Begleichung des Rechnungsbetrages innerhalb einer

Frist von z.B. 20 Tagen. Für die Herstellung der Räder wird die Flott'n Bike in der Regel mehrere Tage benötigen. Es kann aber zu einem Auftragsstau kommen, sodass die Herstellung auch mal ein bis zwei Wochen dauern wird. Anschließend werden sie an die Fachhändler ausgeliefert und der hat wiederum eine Zahlungsfrist von 20 Tagen.

Zwischen der Bezahlung der Lieferantenrechnung und der Begleichung der Rechnung der Flott'n Bike liegt also immer ein Zeitraum von mehreren Tagen bis einigen Wochen. In diesem hat die Flott'n Bike gleichwohl ihre laufenden Kosten.

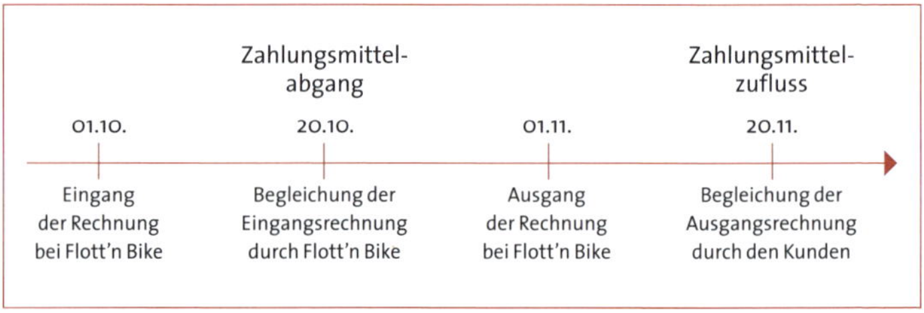

Abb. 5: Finanzierungslücke bei Flott'n Bike

Diese Finanzierungslücke muss geschlossen werden. Unternehmerisch muss darauf hingearbeitet werden,

- dass hinreichend finanzielle Mittel zur Überbrückung bereitstehen und/oder
- dass der Finanzstrom möglichst durchgängig und schnell fließt.

Mit anderen Worten: Ein Unternehmen benötigt für seine Investitionen stets verfügbares Geld. Liquidität ist damit eine der wichtigsten Zielsetzungen eines Unternehmens (vgl. Kap. 2.4.1). Das Unternehmen benötigt deshalb geeignete Instrumente, um die eigene Liquidität zu überprüfen (was häufig die Aufgabe des Controllings ist).

In diesem Zusammenhang verweist die BWL gerne darauf, dass Investition und Finanzierung „zwei Seiten einer Medaille" darstellen. Diese Aussage gilt nicht nur in der Hinsicht, dass die Finanzierung die Folge einer Investitionsabsicht ist. Sie gilt auch in der Hinsicht, dass eine Finanzierung, die von einem Kapitalgeber oder auch vom Unternehmer erfolgen kann, immer auch eine Investition ist. Die „heutige Hingabe von Geld" (Wöhe/Döring, 2010) erfolgt in der Erwartung, dass der in der Zukunft erfolgende Zahlungsmitteleingang größer ist als der Abgang durch die Investition. Die Bereitstellung von Kapital erfolgt also immer in der Erwartung von Zinsen, die der Geldgeber erhält und die der Geldnehmer zu zahlen hat. Zinszahlungen kommt also bei der Überprüfung von Investitionsentscheidungen eine große Bedeutung zu.

5.2 Woher finanzielle Mittel kommen können: Die Arten der Finanzierung

Die Betriebswirtschaftslehre präsentiert in diesem Zusammenhang gerne Übersichten, die systematisiert und auch komprimiert die wichtigsten Finanzierungsarten darstellen – und für Verwirrung sorgen.

Bei genauer Auseinandersetzung mit dieser Systematisierung zeigt sich aber, dass sie viele Möglichkeiten der Beschaffung aufzeigt – und sogar einen kreativen Umgang mit der andauernden Finanzierungsaufgabe bewirken kann.

Wenn die Betriebswirtschaftslehre sich mit der Frage beschäftigt, woher das Geld für eine notwendige Investition oder für die Sicherstellung der notwendigen finanziellen Mittel kommen kann, geht sie zunächst so vor wie wir Verbraucher auch. Wenn wir eine größere Anschaffung beabsichtigen, dann schauen wir zunächst, ob auf unseren Konten hinreichend Geld vorhanden ist. Müssen wir betrübt feststellen, dass dies nicht der Fall ist, beschäftigen wir uns mit der Frage, woher wir das nötige Geld bekommen können. Bei der Beschäftigung mit dieser Frage überschreiten wir eine doppelte Grenze:

- Wir schauen nicht mehr bei uns, also „innen", nach, sondern wenden den Blick nach außen – wer immer das auch ist: Familie, Verwandtschaft, Freunde, Geldinstitute usw.
- Da Geld die Angewohnheit hat, immer jemandem zu gehören, nehmen wir nicht mehr eigenes, sondern fremdes Geld in den Blick.

Dieser einfachen Logik entsprechend hat die BWL zur Klassifizierung der Finanzierungsarten zwei Begriffspaare entwickelt: Innen- oder Außenfinanzierung und Eigen- oder Fremdfinanzierung.

Die Begriffe „innen – außen" geben dabei einen Hinweis auf die Finanzierungsquelle, folgen also der einfachen Frage: Woher kommt das

Geld? Die Begriffe „eigen – fremd" geben einen Hinweis auf die Rechtsstellung des Kapitalgebers, folgen also der Frage: Wem gehört das Geld?

Für uns Verbraucher ist je nach Grenzsetzung (bin nur ich „innen" oder ist meine Familie auch noch „innen"?) „außen" immer „fremd". Wir unterstellen also eine Identität von außen gleich fremd.

Für die BWL kann jedoch „innen" mit „fremd" kombiniert werden, so wie „außen" mit „eigen" verbunden werden kann. Dies kann in einer Tabelle dargestellt werden, die einer weiteren Erklärung bedarf. Im Ergebnis erzielt die Betriebswirtschaft aber eine Verdopplung der Finanzierungsquellen.

		Herkunft des Kapitals	
		innen	außen
Eigentumsverhältnisse	eigen	z.B. durch Gewinneinbehaltung	z.B. durch Kapitalerhöhung
	fremd	z.B. durch Rückstellungen	z.B. durch Bankkredit

Abb. 6: Finanzierungsquellen

5.2.1 Eigen-/Innenfinanzierung

Bei dieser Finanzierungsart wird (unternehmens-)eigenes Geld, das zudem aus dem Unternehmen kommt, für die Finanzierung einer Investition genutzt. Dies geschieht z.B. in der Form, dass der erwirtschaftete Gewinn nicht den Eigentümern (Gesellschaftern) zufließt, sondern im Unternehmen bleibt und dem Eigenkapitalkonto gutgeschrieben wird.

Eine andere Art ist die Finanzierung aus Abschreibung, die sogar mit dem Begriff der Kapitalfreisetzung verknüpft ist. An dieser Stelle reicht zur

Erläuterung aus, dass mit Abschreibungen eine Geldrücklage für die Abnutzung von Maschinen, Fahrzeugen oder auch Gebäuden gemeint ist, die ein Unternehmen für seine Leistungserstellung erworben hat.

Die Beträge für die Abnutzung sind in der Regel bei der Kalkulation der Verkaufspreise berücksichtigt (vgl. Kap. 8.3.4), was bedeutet, dass der Kunde mit dem Kauf der Produkte auch die Beträge für die Abnutzung bezahlt. Diese Beträge fließen dem Unternehmen somit mit den Verkaufserlösen zu und sie können in der Gewinn- und Verlustrechnung als Aufwand (Kosten) gebucht werden. Sie werden in der Regel nicht als Gewinn ausgeschüttet, sondern verbleiben als Rücklage im Unternehmen – bis die Ersatzinvestition (nach Ende der geplanten Laufzeit) notwendig ist. Bis dahin können sie für andere Anschaffungen oder Finanzierungsaufgaben genutzt werden. Notwendig ist ein möglichst genauer Abschreibungs- und Investitionsplan, denn zu dem Zeitpunkt der Ersatzinvestition wird das entsprechende Kapital benötigt.

Die Finanzierung durch Abschreibung ist somit eine Art Zwischenfinanzierung. Gleichwohl ist sie angesichts des Zieles, zu jedem Zeitpunkt für eine ausreichende Liquidität zu sorgen, von außerordentlicher Wichtigkeit für Unternehmen.

5.2.2 Außen-/Fremdfinanzierung

Diese Finanzierungsart ist das genaue Gegenteil der zuvor genannten und aus der Welt der Unternehmen nicht wegzudenken. Wohl kein Unternehmen kommt ohne diese Art der Finanzmittelbeschaffung aus. Bei ihr stellen außerhalb des Unternehmens befindliche Geldgeber das in ihrem Eigentum befindliche Geld zur Verfügung. Auch nach der Zurverfügungstellung bleibt dieses Geld im Eigentum des Geldgebers, auch wenn der Geldnehmer über es verfügt. Durch die Annahme gerät der Geldnehmer in ein Schuldverhältnis zum Geldgeber. Dementsprechend ist der Geldgeber gegenüber dem Geldnehmer in einem Gläubigerverhältnis.

Das Schuldverhältnis bezieht sich auf die Verpflichtung, das geliehene Kapital nebst Zinsen zurückzuzahlen. Es verpflichtet den Geldnehmer aber nicht, dem Geldgeber Einflussrechte auf die Unternehmenspolitik einzuräumen – im Unterschied zur nächstgenannten Finanzierungsart.

5.2.3 Eigen-/Außenfinanzierung

Diese Finanzierungsart ist aus Verbrauchersicht schwer verständlich; die Begriffswahl mutet gar paradox an. Verständlich wird sie durch die bildhafte Vorstellung: Eigenes Geld fließt von außen in das Unternehmen ein. Dies geschieht z.B. schon dann, wenn ein Einzelunternehmer Geld aus seinem Privatvermögen einbringt („nachschießt") oder wenn Gesellschafter ihre Einlage erhöhen bzw. wenn neue Gesellschafter aufgenommen werden. Im letztgenannten Fall kommen diese Gesellschafter von außen, da sie bisher nicht zum Unternehmen gehörten. Sie bringen ihre Einlage ein, die dann in das Eigentum der Gesellschaft übergeht (und Eigentum der Gesellschafter bleibt).

Was hier für das Einzelunternehmen bzw. für die Personengesellschaften genannt wurde, gilt auch für Kapitalgesellschaften: Nimmt z.B. eine GmbH neue Gesellschafter auf oder erhöhen diese ihren Anteil am Stammkapital, dann liegt auch eine Eigen-/Außenfinanzierung vor. Das Gleiche gilt für eine Aktiengesellschaft, die zur Erhöhung ihres Grundkapitals weitere Aktien herausgibt.

Im Unterschied zur Außen-/Fremdfinanzierung entsteht zwischen geldgebenden Gesellschaftern bzw. Aktionären und dem Unternehmen kein Schuldverhältnis. Das Kapital der Geldgeber geht in das Haftungskapital über und begründet einen Anspruch auf einen Teil des Gewinns. Es begründet ebenso die grundsätzliche Berechtigung, an der Führung des Unternehmens mitzuwirken. Es geht allerdings auch mit der Verpflichtung einher, den Verlust mitzutragen, auch wenn diese Verpflichtung bei der KG und bei den Kapitalgesellschaften auf den jeweiligen Geschäftsanteil, auf die Einlage, beschränkt ist.

5.2.4 Innen-/Fremdfinanzierung

Auch diese Finanzierungsart ist aus der Perspektive von Verbrauchern schwer vorstellbar. Im Kern bedeutet sie, dass es in Unternehmen fremdes Kapital gibt, das sich anbietet, für Finanzierungen genutzt zu werden.

Bei genauerer Betrachtung ergibt sich aber, dass es in Unternehmen in mehreren Arten Geld gibt, das „dem Grunde nach" (= grundsätzlich) anderen als ihr Eigentum zusteht, aber die „Höhe und (vor allem) die

Fälligkeit“ (= Datum der Übereignung) noch nicht feststeht. Dies ist z.B. der Fall, wenn ein Unternehmen im Rahmen seiner betrieblichen Sozialpolitik eine Betriebsrente gewährt und zu diesem Zweck einen Pensionsfonds eingerichtet hat, in den laufende Einzahlungen erfolgen. Diese Einzahlungen bleiben bis zur Verrentung in dem Fonds und erreichen im Laufe der Zeit eine bisweilen enorme Höhe. Bis zum Zeitpunkt der Verrentung kann das Unternehmen über dieses Geld verfügen.

Ähnliches gilt auch für Rückstellungen für Gewährleistungen, von der viele Unternehmen Gebrauch machen (müssen). Sie liefern Produkte aus, die sich unter Umständen als schadhaft erweisen – ggf. mit der Folge, dass dem Kunden der Kaufpreis zurückgezahlt werden muss. Auch diese Gewährleistungszahlungen bestehen dem Grunde nach; ihre Höhe und ihre Fälligkeit sind jedoch nicht absehbar.

5.2.5 Alternative Finanzierungsarten

Neben diesen Arten der Finanzierung stehen einem Unternehmen weitere Möglichkeiten zur Verfügung, für die notwendige Liquidität zu sorgen. Auf der Seite der Beschaffung von finanziellen Mitteln ist das Factoring zu nennen. Bei diesem tritt das Unternehmen die Forderung (den Rechnungsbetrag), die es gegenüber den Kunden hat, an ein spezielles Unternehmen, den Factor, ab. Dieses bezahlt dem Unternehmen ohne Zahlungsfrist den Rechnungsbetrag (abzüglich einer Gebühr) und treibt den Rechnungsbetrag von den Kunden ein.

Der Factor übernimmt (in vielen Fällen) auch das so genannte Ausfallrisiko, das darin besteht, dass der Kunde seine Rechnung nicht bezahlt. Dem rechnungstellenden Unternehmen steht somit der Rechnungsbetrag nicht nur sofort, sondern eben auch ohne Ausfälle zur Verfügung.

Auf der Ausgabenseite kann ein Unternehmen darauf verzichten, die jeweiligen Investitionsobjekte zu kaufen, und sie stattdessen leasen. In diesem Fall werden die Investitionsobjekte von einem Leasinggeber zur Benutzung zur Verfügung gestellt. Im Gegenzug erhält dieser hierfür eine festgelegte Leasingrate. Das Leasing entspricht damit – aus Nutzersicht – einer Miete, unterscheidet sich aber von dieser, weil der Leasingnehmer auch die Wartungs- und Instandsetzungsleistungen übernimmt (die normalerweise dem Vermieter obliegen). Der Vorteil für das leasende Unternehmen liegt auf der Hand: Die Kapitalbindung entfällt ebenso wie der mitunter beschwerliche Weg der Finanzierung. Manchmal stehen weder willige Gesellschafter noch Geldinstitute zur weiteren „Hingabe von Geld" zur Verfügung.

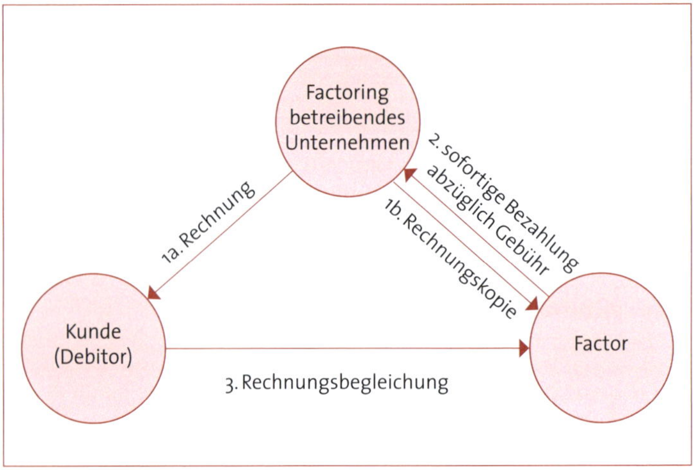

Abb. 7: Ablauf des Factorings

Die Flott'n Bike ist mit Investitionsentscheidungen beschäftigt

Das Besondere von Finanzierung und Investition haben Karl und sein Team verstanden. Ebenso die Bedeutung, die der Finanzierung und der Sicherstellung der Liquidität zukommt. Und dennoch ist Karl nicht zufrieden. Sein Unbehagen bezieht sich vor allem auf die bisher offengebliebenen Fragen,

- *wie er wissen kann, ob sich eine Investition lohnt, sowie*
- *für welche Investition er sich entscheiden sollte, wenn er mehrere Alternativen (mehrere Angebote) hat.*

Er weiß in diesem Zusammenhang, dass Investitionen Ausgaben sind und dass sie möglichst nicht nur den notwendigen Geschäftsablauf sicherstellen, sondern zu einem höheren Gewinn führen sollen, sei es, dass sie notwendige Kosten reduzieren, sei es, dass sie im Ergebnis zu einem höheren Verkaufspreis führen.

Er hat auch vage im Kopf, dass sich Investitionen so schnell wie möglich „rechnen", also amortisieren, sollen, dass also die finanzielle Aufwendung, die die Investition bedeutet, so schnell wie möglich durch die Umsätze wieder ins Unternehmen zurückfließen soll. Darüber hinaus hat er nur viele Fragezeichen im Kopf.

Sein Unbehagen wird schon in den kommenden Monaten heftiger. Die Flott'n Bike liefert bisher die Räder in zwei aufeinandergestapelten Paketen aus: das fertig montierte Rad in einem und die Laufräder in einem anderen. Mehrere Aushilfen sind mit einigem Aufwand und teilweise künstlerischem Geschick beschäftigt, beides sicher zu verpacken. Klagen über Beschädigungen während des Transports sind noch nicht laut geworden. Dennoch sind die Fachhändler, Karls Kunden, nicht begeistert: Die Laufräder müssen von den Mechanikern noch eingesetzt werden und manchmal hakt anschließend die Schaltung, sodass sie nachgestellt werden muss.

Ein anderer Transporteur hat ihm nunmehr ein deutlich günstigeres Angebot unterbreitet, unter der Bedingung, dass Rad und Laufräder in einem Paket ausgeliefert werden. Das heißt, dass das komplette Rad inklusive Laufrädern sowie mit dem in Laufrichtung befindlichen Lenker (aber ohne Pedale, die nicht zum Lieferumfang gehören) versandt werden kann. Die Pakete sollten zudem eine einheitliche Größe haben, unabhängig von der Größe des Fahrrads.

Dieser Transportdienst hat ihm Hinweise auf verschiedene Anbieter für entsprechende Verpackungsmaschinen gegeben. Mit diesen Maschinen, die an die zentrale EDV angeschlossen sind, verringert sich die reine Verpackungszeit deutlich. Allerdings beträgt der Preis einer solchen Maschine zwischen 120.000 und 180.000 Euro, bei unterschiedlich hohen Ausgaben für die Wartung und das verwendete Verpackungsmaterial.

Zusätzlich arbeitet es auch schon in seinem Kopf, dass die Flott'n Bike in absehbarer Zeit eine neue Lackieranlage benötigt. Die Anlage, die er aus dem Unternehmen seines Vaters übernommen hat, entspricht nicht mehr dem Stand der Technik. Die Lackierungen der Hauptkonkurrenten sind hinsichtlich Farbqualität, Stoß- und Kratzunempfindlichkeit deutlich besser. Eine solche Anlage würde ebenfalls eine Investition in der Größenordnung von 80.000 bis 120.000 Euro bedeuten. Karl grübelt.

5.3 Investitionen in einem Unternehmen

Jungunternehmer Karl grübelt aus gutem Grund, denn wir als Verbraucher gehen anders vor, wenn wir vor einer größeren Ausgabe stehen. Klar interessieren wir uns bei dem Kauf eines neuen Pkws für den Anschaffungspreis wie auch für die Folgekosten. Uns interessiert, mit welchen Fahrkosten (Kraftstoffverbrauch) die Benutzung einhergeht. Aber meistens werden wir schon bei den Ausgaben für die notwendigen Inspektionen oder bei den Versicherungsbeiträgen nachlässig. Und am Ende siegt meistens unsere Präferenz: Das eine Modell sagt uns im Hinblick auf Form und/oder Fahrverhalten mehr zu oder wir haben bei ihm einfach ein besseres Gefühl.

Vielleicht werden auch in einigen Unternehmen in dieser Art Entscheidungen über Investitionen getroffen – was aber eindeutig nicht im Sinne der Betriebswirtschaftslehre ist. Die BWL lenkt zunächst den Blick auf den Investitionsanlass und unterscheidet dabei zwischen Erst- und Folgeinvestitionen, wobei letztere in zwei Formen auftreten können:

- als Ersatzinvestition, wenn z.B. die alte Maschine durch eine neue ersetzt wird, oder als
- Erweiterungsinvestition, wenn z.B. die vorhandenen Maschinen um eine weitere ergänzt werden.

Darüber hinaus verweist die BWL auf den Inhalt von Investitionen und unterscheidet hier zwischen

- Sachinvestition (Anschaffung von materiellen Gegenständen),
- Finanzinvestition und
- immaterieller Investition.

In diesem Zusammenhang ist wohl nicht so sehr die genaue Unterscheidung wichtig, sondern vielmehr der Aspekt, dass Unternehmen in ganz unterschiedliche Bereiche investieren. Um auf den unter steigendem Konkurrenzdruck stehenden Märkten bestehen zu können, ist es für Unternehmen wichtig, ihre Investitionstätigkeit breit auszurichten: entweder auf den Erwerb neuer Maschinen bzw. neuer Gebäude oder auf den Erwerb von Patenten und anderen Nutzungsrechten oder auf den Erwerb von Unternehmensbeteiligungen bzw. einer vorteilhaften Kapitalanlage oder in einer Mischung aus allen Bereichen.

Eine jede Investition muss gut überdacht werden, sodass letztlich eine eindeutige Antwort auf die Frage gegeben werden kann, welche Investition den größten Vorteil bringt. Dieser muss zudem in einer möglichst exakten Wertangabe beziffert werden. Zu bedenken ist in Umkehrung auch die Frage, welche Investition mit dem größten Risiko verbunden ist, und dieses bezieht sich nicht so sehr auf mögliche technische Schäden, sondern auf das Ausbleiben der erhofften Rückflüsse. Die Gefahr von Fehlinvestitionen steht also im Raum und manchmal besteht diese darin, nicht zu investieren (im Unterschied etwa zur Konkurrenz, die dank ihrer Investition günstiger und besser produzieren kann).

Zusammengenommen heißt das, dass Investitionen nicht einmalige Akte sind, sondern eine kontinuierliche Aufgabe innerhalb des unternehmerischen Handelns darstellen. Investitionen haben eine unverzichtbare Funktion für den Prozess der betrieblichen Wertschöpfung.

5.4 Investitionsbeurteilung durch statische Investitionsrechnung

Die Beurteilung, ob eine Investition den größtmöglichen oder den gewünschten Vorteil bringt, erfolgt innerhalb der so genannten Investitionsrechnung. Sie bietet verschiedene Instrumente, d.h. Berechnungsverfahren, an, die sich auf unterschiedliche Gesichtspunkte einer Investition beziehen und dementsprechend unterschiedliche Erkenntnisse liefern. Gemeinhin werden diese Verfahren in „statische“ und „dynamische Verfahren“ unterschieden.

Statische Verfahren sind schnell und ohne größere mathematische Kenntnisse umsetzbar, haben aber, wie weiter unten deutlich wird, eine begrenzte Aussagekraft.

Die dynamischen Verfahren benötigen ausgeprägte mathematische Kenntnisse (bzw. eine möglichst geringe Scheu, sich mit der besonderen Rechnungsweise und den Formeln auseinanderzusetzen), sind dafür exakter in ihrer Beurteilungskraft. Wie in Kapitel 9 deutlich wird, führen sie zu einer höheren Rationalität bei der Entscheidung.

Es dürfte für jeden nachvollziehbar sein, dass bei der Beurteilung einer Investition Angaben für mehrere Größen/Kriterien notwendig sind und innerhalb der Rechnung berücksichtigt werden müssen.

Die wohl wichtigste Größe ist der Preis für das Investitionsobjekt (1), also die reinen Anschaffungskosten. Sie machen die Höhe der eigentlichen Investition aus; ebendieser Betrag muss – wie auch immer – finanziert werden. Nicht ganz unwichtig ist, ob man davon ausgeht, dass das Investitionsobjekt (z.B. eine Maschine) nach der geplanten Nutzungszeit noch einen Restwert (2) hat. Dies bedeutet konkret die Beschäftigung mit der Frage, ob man dieses Objekt noch verkaufen kann und wenn ja, welcher Preis (Liquidationserlös) – aller Voraussicht nach – hierbei erzielt wird, oder ob das Objekt anschließend noch einen Schrottwert (aber eben damit auch einen Preis) hat.

Von großer Bedeutung ist die geplante Nutzungsdauer (3). Sie hat nicht nur Auswirkungen auf den Restwert, sondern aus ihr ergeben sich die Abschreibungswerte (4), das heißt jene Geldbeträge, die das Unternehmen jährlich zurücklegen muss, um nach der geplanten Nutzungsdauer eine mindestens gleichwertige Maschine neu zu erwerben. Aus der geplanten Nutzungsdauer ergeben sich ferner die kalkulatorischen Zinszahlungen (5), für die das schon angesprochene durchschnittlich gebundene Kapital eine wichtige Größe darstellt.

Von Bedeutung sind ferner die Betriebskosten (6), die mit dem Investitionsobjekt einhergehen. Dies sind z.B. Wartungskosten, anteilige Raum- und Energiekosten sowie Kosten, die durch die Arbeit mit der Maschine entstehen.

Diese werden in der Regel in fixe und variable Kosten unterteilt. An dieser Stelle ist es ausreichend, unter fixen Kosten jene Kosten zu verstehen, die stets gleich sind – unabhängig davon, ob oder wie viel hergestellt wird. Variable Kosten sind im Gegenzug diejenigen, die in Abhängigkeit von der Produktionsmenge, der Ausbringungsmenge, stehen: Je mehr produziert wird, desto höher sind diese Kosten (vgl. auch Kap. 8.3.5). Raumkosten, aber auch die angesprochenen Abschreibungswerte sind typische fixe Kosten, Energieverbrauch, Material- und Personalkosten typische variable Kosten.

Schließlich müssen noch die Rückflüsse (7) in die Rechnung einbezogen werden. Rückflüsse meint in diesem Zusammenhang die genaue Erfassung jener Zahlungseingänge, die exakt mit der anstehenden Investition erzielt werden. Diesen werden dann die Aufwendungen, die mit der

Investition einhergehen, gegenübergestellt. Letztlich geht es also um den Gewinn, der mit der Investition erzielt wird.

Zu guter Letzt können noch steuerliche Aspekte (8) berücksichtigt werden. Diese ergeben sich daraus, dass Investitionen auch in steuerlicher Hinsicht Kosten sind und den zu versteuernden Gewinn verringern. Bei einer Berücksichtigung der verringerten Steuerlast kann es sich ergeben, dass eine Investition, die zunächst unvorteilhaft war, anschließend doch vorteilhaft ist. Auch kann es günstig sein, mit Blick auf die verringerte Steuerlast eine Investition zeitlich vorzuziehen. Steuerliche Gesichtspunkte werden hier jedoch nicht behandelt.

Hilfreiche Zwischenerläuterung: Geplante Nutzungsdauer, AfA und kalkulatorischer Zinssatz

Investiert ein Unternehmen, indem es z.B. eine neue Lackier- oder Verpackungsmaschine erwirbt, dann ist klar, dass sie in der Folgezeit benutzt und damit auch abgenutzt wird. Klar ist auch, dass die technologische Entwicklung aller Wahrscheinlichkeit nach voranschreitet und in absehbarer Zeit neue Maschinen erworben werden müssen, die eben dem dann vorherrschenden Stand der Technik (und/oder dem technologischen Stand der Konkurrenten) entsprechen. Das Unternehmen muss also eine Entscheidung über die geplante Nutzungsdauer treffen. Diese Aufgabe besteht auch dann, wenn es in steuerlicher Hinsicht klare Vorgaben gibt, in welchem Zeitraum das Investitionsobjekt abgeschrieben und durch ein neues ersetzt werden kann.

Wenn diese Entscheidung getroffen ist, dann greift die Abschreibungsformel:

$$\text{AfA (jährlicher Abschreibungswert)} = \frac{\text{Anschaffungskosten bzw. Herstellungskosten} - \text{Restwert}}{\text{Nutzungsdauer}}$$

Beispiel

Wurde z.B. festgelegt, dass man bei dem Investitionsobjekt von einer Nutzungsdauer von acht Jahren ausgeht, dann ergibt sich, dass für den Zeitraum von acht Jahren jeweils 1/8 (12,5 %) der Differenz zwischen Anschaffungskosten und Restwert jährlich zurückgelegt (und erwirtschaftet) werden muss.

Für ebendiesen Zeitraum ist aber auch Kapital in Höhe der Anschaffungskosten gebunden. Dieser Geldbetrag kann nicht ein zweites Mal ausgegeben werden (z.B. für eine Kapitalanlage). Es ist somit guter Brauch in der Betriebswirtschaft für dieses gebundene Kapital Zinsen zu berechnen, die in die Kosten einfließen (und ebenfalls über den Preis von den Kunden bezahlt werden sollen). Die Begründung für diesen Brauch wurde in Kapitel 5.1 gegeben (es sei ferner auf Kap. 8.3.3 verwiesen): Eine Investition zieht eine Finanzierung nach sich; diese ist ja ihrerseits eine Investition des Kapitalgebers (wer immer dies auch ist) und mit der Erwartung auf einen zukünftigen Gewinn verbunden.

Auch diese Kosten müssen bei der Beurteilung einer Investition berücksichtigt werden. Bezugsgröße ist das durchschnittlich gebundene Kapital, das sich aus einer einfachen Halbierung der Anschaffungskosten ergibt und als Formel folgendermaßen dargestellt werden kann:

$$\text{Kalkulatorische Zinsen: } K_z = \frac{\text{A (Anschaffungswert)}}{2} \cdot \text{i (Zinssatz)}$$

Dies ist unmittelbar nachvollziehbar und wohl auch leicht zu merken. Und doch bietet die Darstellung in einer knappen mathematischen Formel Anlass zu einer tief greifenden Verwirrung, wenn die kalkulatorischen Zinsen auf ein Investitionsobjekt bezogen werden, für das ein Restwert eingeplant wurde. Durch die Abschreibungsformel darauf programmiert, eine Differenz zu bilden, stolpert man über die erweiterte Formel zur Berechnung der kalkulatorischen Zinsen:

$$K_z = \frac{\text{Anschaffungswert} + \text{Restwert}}{2} \cdot i \quad \text{bzw.} \quad \frac{A + R}{2} \cdot i$$

Unter logischem Gesichtspunkt ergibt sich die Begründung daraus, dass ja auch das Kapital für diesen Restwert gebunden ist, und dieser Restwert, der Liquidationserlös, ist ja noch nicht erzielt.

Ein weiterer Grund liegt in den Vorgaben zur Bruchrechnung. Die Ausgangsformel lautet:

$$K_z = \frac{A - R}{2} \cdot i + R \cdot i$$

Die kalkulatorischen Zinsen beziehen sich zum einen auf den (durchschnittlichen) Anschaffungswert ohne Restwert sowie auf den Restwert, der ja auch für die geplante Nutzungsdauer gebunden ist und erst nach dieser erzielt wird.

Nach den Vorgaben der Bruchrechnung kann ein Bruch nur dann mit einer ganzen Zahl addiert werden, wenn diese in einen Bruch mit dem gleichen Nenner verwandelt wird – was auch heißt, dass der Zähler mit eben der Zahl des Nenners multipliziert werden muss. Woraus folgt:

$$K_z = \frac{A - R}{2} \cdot i + \frac{2\,R}{2} \cdot i = \frac{A + R}{2} \cdot i$$

5.4.1 Die Kosten(vergleichs)rechnung

Die wohl einfachste und wohl auch gebräuchlichste Methode zur Beurteilung einer Investition ist die Kostenvergleichsrechnung, von der es mehrere Varianten gibt. Sie bezieht sich ausschließlich auf die Kosten einer Investition und verfolgt die einfache Frage, mit welchen jährlichen Kosten eine Investition verbunden ist. In ihrer einfachsten Variante ermittelt sie neben den Abschreibungswerten und den kalkulatorischen Zinskosten die laufenden Betriebskosten und vergleicht verschiedene Investitionsobjekte im Hinblick auf die Summe der Kosten. Im Ergebnis gibt sie eine einfache Entscheidungsempfehlung:

> ***Realisieren Sie die Investition, die mit den geringsten Kosten einhergeht!***

Karl Trittfest und sein Team greifen diese Methode sofort auf. Ihnen liegen zwei Angebote für eine passende Verpackungsmaschine vor. Für ihren Kostenvergleich listen sie die wichtigsten Daten tabellarisch auf:

		Verpackungsmaschine Klapptso	Verpackungsmaschine Ratzfatzundgut
1	Anschaffungspreis	120.000,00 €	160.000,00 €
2	Restwert	10.000,00 €	20.000,00 €
3	Nutzungsdauer	5 Jahre	5 Jahre

In ihrer Planung gehen sie von einer Nutzungsdauer von fünf Jahren aus. Wie danach der Stand der Technik und auch der Geschäftsbetrieb sein werden, überblicken sie nicht. Hinsichtlich des kalkulatorischen Zinssatzes einigen sie sich auf 8 %. Mit diesen Angaben können sie nun AfA und die kalkulatorischen Zinsen ermitteln:

4	AfA	22.000,00 €	28.000,00 €
5	Kalkulatorische Zinsen	5.200,00 €	7.200,00 €

Im Ergebnis ist Ratzfatzundgut teurer. Es bleibt noch zu überprüfen, ob diese Anlage hinsichtlich der Betriebskosten den Mehrpreis ausgleichen kann. Alle bei Flott'n Bike waren von zwei Leistungen dieser Anlage beeindruckt: Sie verwendet nur Pappe und verursacht dadurch Verpackungskosten von drei Euro pro Rad – im Unterschied zu fünf Euro, die bei Klapptso anfallen. Ferner lassen sich mit ihr die Räder schneller verpacken. In ihrer internen Planung kann die Flott'n Bike davon ausgehen, dass sie in den nächsten Jahren durchschnittlich pro Jahr 20.000 Räder versenden werden, im Schnitt 80 pro Tag. Um diese Menge zu versenden, müssten zwei Versandkräfte Klapptso jeweils sechs Stunden arbeiten, mit Ratzfatzundgut schaffen die beiden es in gut vier Stunden – was sich bei den Personalkosten bemerkbar macht. Karl und sein Team listen also weiter auf und kommen zu folgenden Ergebnissen:

6	Materialkosten	100.000,00 €	60.000,00 €
7	Personalkosten	45.000,00 €	30.000,00 €
8	**Gesamtkosten**	**282.200,00 €**	**265.200,00 €**

Im Endergebnis ist also Ratzfatzundgut um 17.000 Euro günstiger und sollte gemäß dem Entscheidungsgrundsatz angeschafft werden. Wären da nicht die Bedenken von Karin Wird-Unterschätzt. Sie wirft etwas zögerlich in die Runde, dass man ja gar nicht wissen könne, ob wirklich die 20.000 Räder pro Jahr verkauft werden. Und sie fragt sich, ob bei einer geringeren Verkaufsmenge der Vorteil von Ratzfatzundgut voll zum Tragen komme.

5.4.2 Kritische Menge

Angesprochen wird damit ein Gesichtspunkt, der bei der Kostenvergleichsrechnung wichtig ist. Häufig haben die geplanten Investitionsobjekte unterschiedliche Ausbringungsmengen (Kapazitäten). Auch in dem obigen Beispiel ist Ratzfatzundgut schneller, kann also an einem Tag mehr Räder verpacken als Klapptso. Das fiel allerdings nicht ins Gewicht, weil die Flott'n Bike mit einer Messgröße kalkulierte, die unterhalb der maximalen Kapazität der beiden Anlagen liegt. Um den Aspekt der unterschiedlichen Kapazität zu berücksichtigen, muss der Vergleich auf der Grundlage von Stückkosten durchgeführt werden, die einfach dadurch ermittelt werden können, dass die jährlichen Kosten durch Kapazitätsanzahl (oder produzierte Stückzahl pro Jahr) geteilt werden.

$$\text{Stückkosten} = \frac{\text{Gesamtkosten}}{\text{Kapazität}}$$

In einem weiteren Schritt kann dann sogar die Grenzstückzahl bzw. die kritische Menge errechnet werden, bei der ersichtlich wird, ab welcher Stückzahl die Anlage mit dem höheren Anschaffungspreis und den niedrigeren Betriebskosten vorteilhaft wird. Oder anders ausgedrückt: Bis zu welcher Stückzahl ist die Anschaffung der preiswerteren Anlage trotz der höheren Betriebskosten vorteilhafter.

Karl und sein Team greifen auch diese Hinweise dankend auf. Zunächst ermitteln sie die Stückkosten auf der Grundlage ihrer Schätzkapazität von 20.000 Rädern pro Jahr.

8	**Gesamtkosten**	**282.200,00 €**	**265.200,00 €**
9	Geplante Kapazität	20.000 Stück	20.000 Stück
10	Stückkosten	14,11 €	13,26 €

Bei ihrem weiteren Vorgehen stellen sie fest, dass die Formel zur Ermittlung der kritischen Menge zwischen fixen und variablen Kosten unterscheidet und dass sie deshalb mit den soeben ermittelten Stückkosten wenig anfangen können. Ein wenig überdacht, fällt ihnen auf, dass in dem hier vorliegenden Fall die fixen Kosten aus den Abschreibungswerten und den Zinsen bestehen, während sich die variablen aus den Verpa-

ckungs- und Personalkosten ergeben. Auch wird ihnen schnell ersichtlich, warum die Formel so merkwürdig „verdreht" ist.
Der Ausgangspunkt ist eine Gleichung

$$K_{f1} + k_{v1} \cdot x = K_{f2} + k_{v2} \cdot x,$$

die nach x aufgelöst werden muss. Der erste Schritt dieser Auflösung besteht darin, die Gleichung so zu verändern, dass die x-Werte auf einer Seite stehen:

$$k_{v1} \cdot x - k_{v2} \cdot x = K_{f2} - K_{f1}$$

In einem weiteren Schritt wird die Gleichung durch die Werte dividiert, die vor den x-Werten stehen, was im Ergebnis zu folgender Gleichung führt:

$$x = \frac{K_{f2} - K_{f1}}{k_{v1} - k_{v2}}$$

Hieraus ergibt sich im Rückgriff auf die in der Kostenvergleichsrechnung ermittelten Werte folgende Rechnung:

$$x = \frac{K_{f2} - K_{f1}}{k_{v1} - k_{v2}} = \frac{(28.000 + 7.200) - (22.000 + 5.200)}{(5 + 2{,}25) - (3 + 1{,}5)} = \frac{35.200 - 27.200}{7{,}25 - 4{,}5} = \frac{8.000}{2{,}75} = 2.909 \text{ Stück}$$

Sollte also die Flott'n Bike 2.909 Stück und mehr verkaufen, lohnt sich die Anschaffung der teureren Anlage. Ab dieser kritischen Menge wirken die niedrigeren Betriebskosten und gleichen den höheren Anschaffungspreis aus. Karin Wird-Unterschätzt freut sich.

5.4.3 Gewinn(vergleichs)rechnung

Ohne die Aussagekraft der Kostenvergleichsrechnung zu schmälern, so ist sie dennoch insofern beschränkt, als sie den zukünftigen Gewinn nicht berücksichtigt. Dies ist manchmal unumgänglich: Vielleicht lässt sich dieser planerisch noch nicht erfassen; vielleicht sind die zukünftigen Gewinne verschiedener Investitionsobjekte auch gleich. In diesem Fall braucht man ihn nicht zu berücksichtigen, es sei denn man möchte die Rentabilität errechnen (siehe Kap. 5.4.4).

Sobald zwei Investitionsobjekte beurteilt werden sollen, die zu unterschiedlichen Gewinnen führen, sollte die Gewinnvergleichsrechnung durchgeführt werden. Sie ist eigentlich eine Kostenvergleichsrechnung, die um die Plangewinne ergänzt wird.

Die Gewinnvergleichsrechnung nimmt also den gleichen Ausgang wie die Kostenvergleichsrechnung. Vorteilhaft ist es, wenn zu den fixen Kosten der Kostenvergleichsrechnung auch noch die variablen Kosten ermittelt werden.

Auch die Gewinnvergleichsrechnung ergibt im Ergebnis eine eindeutige Entscheidungsempfehlung:

> *Realisieren Sie die Investition, die mit einem möglichst hohen Gewinn einhergeht!*

Karl ist von diesen Hinweisen ganz angetan. Es beschäftigt ihn ja auch noch der Erwerb einer neuen Lackieranlage, zumal er schon mehrfach von den Fachhändlern hörte, dass Kunden sich über die unzureichende Lackierung beklagten: Die Farben seien nicht wirklich farbecht, die Farbverläufe nicht akkurat und zudem springe der Lack schon bei dem kleinsten Sturz ab. Das passiert zwar bei vielen anderen Rädern auch, aber Karl denkt schon weiter: Hervorragende Lackierung führt zu einem höheren Preis.
Er beschäftigt sich also intensiv mit seinen Favoriten bei den Angeboten: zum einen die Lackieranlage Spritzig, die einen wirklich hervorragenden Härter verwendet, sowie die Anlage Harthoch4, die nicht nur eine geradezu außergewöhnliche Lackierung erlaubt, sondern auch noch über eine Brennkammer verfügt, sodass der lackierte Rahmen schon am gleichen Tag weiterverarbeitet werden kann. Beide Anlagen benötigen viel Energie und teure Materialien (Lacke, Härter, Verdünner), sodass die variablen Kosten beachtlich sind. Dennoch ist sich Karl ganz sicher, dass er in der Folge die Preise anheben kann.

Vorsichtig kalkulierend veranschlagt er 15 Euro bei Spritzig und 20 Euro bei Harthoch4. Letztere hat aber auch einen um 50 % höheren Anschaffungspreis. In einem Meeting listen Karl und sein Team alle Daten auf:

		Lackierautomat Spritzig	Lackierautomat Harthoch4
1	Anschaffungspreis	80.000,00 €	120.000,00 €
2	Restwert	5.000,00 €	10.000,00 €
3	Nutzungsdauer	5 Jahre	5 Jahre
4	AfA	15.000,00 €	22.000,00 €
5	Kalkulatorische Zinsen bei einem Zinssatz von 8 %	3.400,00 €	5.200,00 €
6	Geplante Stückzahl	20.000 Stück	20.000 Stück
7	Weitere Fixkosten	5.000,00 €	8.000,00 €
8	Variable Kosten/Stück	12,00 €	15,00 €
9	Kalk. Preiserhöhung/Stück	15,00 €	20,00 €

Die weitere Berechnung ist mit ebendiesen Daten sehr einfach: Im Rückgriff auf die geplante Stückzahl lässt sich durch Multiplikation mit der Preiserhöhung der geplante Erlös ermitteln. Von diesem werden zunächst die variablen Kosten, die das Produkt aus variablen Kosten und Stückzahl sind sowie die weiteren (fixen) Kosten abgezogen.

1	Gesamterlös	300.000,00 €	400.000,00 €
2	– variable Kosten	240.000,00 €	300.000,00 €
3	– weitere Fixkosten	5.000,00 €	8.000,00 €
4	– AfA	15.000,00 €	22.000,00 €
5	– kalkulatorische Zinsen	3.400,00 €	5.200,00 €
6	**Gewinn**	**36.600,00 €**	**64.800,00 €**

Für Karl ist die Entscheidung klar. Der Mehrbetrag von 40.000 Euro ist für ihn gut investiert, zumal die Anlage Harthoch4 einen schnelleren Produktionsprozess erlaubt. Wer wolle, könne mit den Angaben ja auch noch die kritische Menge ermitteln, so seine hämische Bemerkung. Und dennoch äußert Karin Wird-Unterschätzt erneut Bedenken: Der Gewinn sei zweifelsohne höher. Aber es sei noch nicht geklärt, ob die Investition rentabel genug sei. Karl wird zweifelnd. Rentabilität ist doch so wichtig für ein Unternehmen.

5.4.4 Rentabilitätsvergleichsrechnung

Das Ziel jeder unternehmerischen Aktivität besteht darin, mit dem eingesetzten Kapital einen möglichst hohen Gewinn zu erwirtschaften. Je besser das Verhältnis von eingesetztem Kapital und erzieltem Gewinn ist, umso höher ist die Rentabilität. Oder anders ausgedrückt: Je höher die Rentabilität ist, desto größer ist der Gewinn, der mit einer Kapitalverwendung erzielt wird. Bei der Beurteilung eines Investitionsvorhabens ist ein Unternehmen also gut beraten, zusätzlich einen Rentabilitätsvergleich durchzuführen.

Die Entscheidungsempfehlung der Rentabilitätsvergleichsrechnung ist ebenso eindeutig wie die der anderen Verfahren:

> *Realisieren Sie die Investition, deren Rentabilität möglichst hoch ist und den Finanzierungszinssatz bzw. die Rentabilitätsvorgabe übersteigt!*

Die Rentabilitätsberechnung ist deutlich unaufwendiger als die anderen Verfahren. Sie arbeitet mit einfachen Formeln:

$$\text{Rentabilität} = \frac{\text{Gewinn vor Zinsen (= Gewinn zuzüglich kalk. Zinsen)}}{\text{durchschnittlicher Kapitaleinsatz}} \quad \text{bzw.}$$

$$\text{Rentabilität} = \frac{\text{Gewinn vor Zinsen (= Gewinn zuzüglich kalk. Zinsen)}}{\begin{array}{c}\text{durchschnittlich gebundenes Kapital}\\ \text{([Anschaffungskosten + Restwert]} \cdot 0{,}5\text{)}\end{array}}$$

Der Unterschied zwischen den beiden Größen im Nenner ist durchaus vernachlässigbar. Bei dem nachfolgenden Beispiel ist eine Entscheidung für die zweite Variante getroffen worden.

Wieder machen sich Karl und sein Team ans Werk. Die erforderlichen Daten sind schnell auf dem Whiteboard notiert und das durchschnittlich gebundene Kapital ausgerechnet. Anschließend wird die schon bekannte Tabelle erstellt:

		Lackierautomat Spritzig	Lackierautomat Harthoch4
1	Anschaffungspreis	80.000,00 €	120.000,00 €
2	Restwert	5.000,00 €	10.000,00 €
3	Durchschnittlich gebundenes Kapital	85.000 € / 2 = 42.500,00 €	130.000 € / 2 = 65.000,00 €

Auch die Ermittlung des Gewinns vor Zinsen ist leicht. Schon an diesen beiden Zahlen ist erkennbar, dass sie in etwa gleich groß sind, was mit anderen Worten bedeutet, dass eine hohe Rentabilität vorliegt. (Wäre es nicht schön, wenn wir 42.500 Euro bei einem Geldinstitut anlegten und dafür 40.000 Euro Zinsen bekämen?) Die Berechnung führt dann auch zu sehr hohen Werten, wobei im Vergleich der Lackierautomat Harthoch4 mit 13 Prozentpunkten deutlich über der Rentabilität von Spitzig liegt.

4	Gewinn	36.600,00 €	64.800,00 €
5	+ kalkulatorische Zinsen	3.400,00 €	5.200,00 €
6	Gewinn vor Zinsen	40.000,00 €	70.000,00 €
7	**Rentabilität**	$\frac{40.000\ €}{42.500\ €} \cdot 100$	$\frac{70.000\ €}{65.000\ €} \cdot 100$
		= 94,12 %	**= 107,69 %**

Die Entscheidung ist also klar, wäre da nicht schon wieder Karin Wird-Unterschätzt. Sie verweist darauf, dass die Anlage Spritzig in der Anschaffung um 40.000 Euro günstiger ist und dieser Betrag doch wohl auch berücksichtigt werden müsse.

Angesprochen ist damit in der Tat ein wichtiger Punkt. Denn das Unternehmen hätte ja die Möglichkeit, diesen Differenzbetrag auf dem Kapitalmarkt anzulegen oder mit ihm eine andere Investition zu finanzieren. Dieser Betrag ist also seinerseits zu verzinsen und zu dem Gewinn der günstigeren Anlage hinzurechnen.

Auch diesen Hinweis nehmen die Entscheidungsträger von Flott'n Bike sofort auf und erstellen eine weitere Rechnung:

		Lackierautomat Spritzig	Lackierautomat Harthoch4
1	Anschaffungspreis	80.000,00 €	120.000,00 €
2	Differenz	40.000,00 €	
3	Verzinsung der Differenz mit kalkulatorischem Zinssatz zugunsten der günstigeren Variante	3.200,00 € (40.000 · 8 %)	
4	Gewinn vor Zinsen	40.000,00 €	70.000,00 €
5	+ Differenzgewinn	3.200,00 €	
6	Bereinigter Gewinn v. Zinsen	43.200,00 €	70.000,00 €
7	**Rentabilität**	$\frac{43.200\ €}{42.500\ €}$ = **101,65 %**	$\frac{70.000\ €}{65.000\ €}$ **107,69 %**

Im Ergebnis steigt zwar die Rentabilität der Anlage Spritzig, bleibt dennoch deutlich unterhalb der Rentabilität von Harthoch4. Die Entscheidung ändert sich nicht.

5.4.5 Amortisationsrechnung

Die bisher dargestellten Verfahren haben Investitionsalternativen hinsichtlich ihrer Kosten, ihres Gewinns und ihrer Rentabilität, das heißt hinsichtlich ihres Potenzials, Gewinn zu erzielen, untersucht. Es bleibt noch die nicht unerhebliche Frage, wie schnell das investierte Kapital zurückfließen wird, wie schnell der Return on Investment (ROI) ist. Es ist leicht erschließbar, welche Größen ins Verhältnis zueinander gesetzt werden müssen: die Ausgabe für die Investition und der Rückfluss, der aus Gewinn und Abschreibungswerten besteht. Die letzte Größe ist hierbei der Teiler für den Investitionsbetrag und die errechnete Zahl gibt die Dauer in Jahren an, wann sich die Investition amortisiert hat. Auch hier bietet die Investitionsrechnung eine klare Entscheidungsempfehlung an:

Entscheiden Sie sich für die Investition, die sich am schnellsten amortisiert!

Karl und seine Leute wollen es wissen: Nachdem sie nun schon so viele Berechnungen angestellt haben, fehlt in der Tat noch die Rechnung, wann das investierte Kapital zurückgeflossen sein wird. Also ran ans Whiteboard, Anschaffungspreis und Restwert aufgeschrieben, den Rückfluss – Cashflow – ausgerechnet und Kapitaleinsatz durch Cashflow dividiert. Im Ergebnis stellt sich die Amortisationszeit dar.

		Lackierautomat Spritzig	Lackierautomat Harthoch4
1	Anschaffungspreis	80.000,00 €	120.000,00 €
2	Restwert	5.000,00 €	10.000,00 €
3	Kapitaleinsatz	75.000,00 €	110.000,00 €
4	Gewinn	36.600,00 €	64.800,00 €
5	AfA	15.000,00 €	22.000,00 €
6	Rückfluss	51.600,00 €	86.800,00 €
7	**Amortisationszeit**	75.000 € / 51.600 €	110.000 € / 86.800 €
		1,45 Jahre	**1,27 Jahre**

Beide Maschinen amortisieren sich schnell. Der in der Anschaffung deutlich teurere Lackierautomat wird aufgrund des höheren Gewinns den Investitionsbetrag schneller in das Unternehmen zurückfließen lassen.

5.5 Abschließende Bemerkungen

Finanzierungs- und Investitionsmanagement, d.h. das unternehmerische Handeln in Bezug auf den sorgfältig überprüften Erwerb der für das Unternehmen notwendigen Ressourcen wie auch die Beschaffung der notwendigen finanziellen Mittel, ist eine existenzielle Aufgabe eines Unternehmens.

Einem Unternehmen stehen zwar verschiedene Finanzierungsarten zur Verfügung; auch kann es durch ein Controlling, das entsprechende Finanzpläne erstellt und überwacht, die notwendige Liquidität sicherstellen. Dennoch haben Finanzierungsarten und Liquiditätsplanung zur Voraussetzung, dass es einen gesicherten und reichhaltigen Zahlungsmitteleingang durch die Verwertung der unternehmerischen Leistungen gibt. Die unternehmerische Tätigkeit muss eben vom Verkauf her gedacht und organisiert werden. Ohne diesen ist auch das beste Finanzierungs- und Investitionsmanagement überflüssig.

Fragen zur Vertiefung und Festigung

1. Welche Investitionen hat das Unternehmen, in dem Sie arbeiten, in letzter Zeit durchgeführt? Was war der Anlass? Was erhoffte sich das Unternehmen von dieser Investition?
2. Was ist mit dem Begriff „permanente Finanzierungslücke“ gemeint?
3. Was bezeichnet der Begriff „Liquidität“?
4. Beschreiben Sie in Ihren eigenen Worten a) Innen- und Außenfinanzierung, b) Eigen- und Fremdfinanzierung!
5. Was sind alternative Finanzierungsarten? Nennen Sie diese!

6 Marketingmanagement: Ein Unternehmen vom Absatz her denken und auf den Verkauf ausrichten

Als Verbraucher denken wir bei dem Stichwort Marketing wohl in erster Linie an die vielen Prospekte, die schon mit den Tageszeitungen ins Haus kommen, oder an die vielen Werbespots, die wir bei manchen Filmen als sehr störend empfinden oder die uns direkt ansprechen. Oder uns fallen die mehr oder weniger netten Personen ein, die uns im Verbrauchermarkt die Probe eines Produktes anbieten – in der Hoffnung, dass wir dieses bei unserem Einkauf sofort mitnehmen. In der Folge schwanken unsere Empfindungen: Einerseits fühlen wir uns umworben, andererseits auch belästigt, denn fast jede Werbung geht mit dem mehr oder weniger deutlichen Appell einher: Kauf mich!

Als Verbraucher nehmen wir Marketing vom Ende seiner Wirkungskette her wahr: vorrangig von der Werbung und von Maßnahmen der Verkaufsförderung. Nicht bewusst ist uns, dass davor viele umfangreiche Überlegungen, Entscheidungen und Maßnahmen stehen, die zu ebendieser spezifischen Werbung oder zu dieser Art der Verkaufsförderung führten.

Aus der Sicht eines Unternehmens stellt sich Marketing anders dar, nämlich als diese Kette von Überlegungen, Entscheidungen, Planungen und Maßnahmen, an deren Ende die jeweilige Aktion steht, die wir wahrnehmen.

6.1 Der Hintergrund: Käufermarkt statt Verkäufermarkt

Alle weiteren Ausführungen sind von diesem Perspektivwechsel geprägt: Sie legen dar, was Betriebswirte hinsichtlich des Marketings zu sagen haben und was sie den Unternehmen an Hilfen geben, um ein wirkungsvolles Marketing zu betreiben. Wie generell in der BWL tun sie dies, indem sie einerseits erfassen, wie Unternehmen angesichts bestimmter Umfeldverhältnisse Marketing betreiben, und indem sie andererseits daraus Empfehlungen entwickeln. Alle Empfehlungen gehen dabei von einer Grundüberzeugung aus:

> *Die Märkte, auf denen Unternehmen heutzutage tätig sind, machen ein Marketing unbedingt erforderlich.*

Die maßgeblichen Märkte sind so genannte Käufermärkte. Auf ihnen bestimmt der Käufer, wo, bei welchem Anbieter, er wie, zu welchem Preis, zu welchen Bedingungen, mit welchen Präferenzen (Vorlieben) kauft. Solche Märkte unterscheiden sich eindeutig von den so genannten Verkäufermärkten vergangener Zeiten. Auf ihnen war die Nachfrage so groß, dass die Verkäufer vorrangig ein organisatorisches Problem hatten, die Auslieferung ihrer Produkte zu steuern, nicht aber das Problem, die Käufer für sich zu gewinnen.

> *Heutige Käufermärkte sind vor allem dadurch gekennzeichnet, dass das Angebot größer als die Nachfrage ist – was zu dieser schon angesprochenen Macht der Käufer führt.*

Das Überangebot geht in der weiteren Folge mit einer höheren Wettbewerbsintensität, also einer erhöhten Konkurrenz zwischen den Anbietern einher. Benannt sind damit zwei Elemente, die auf jeden Fall in den Marketingüberlegungen berücksichtigt werden müssen: Käufermacht und Wettbewerbsdruck.

Aus ihnen ergeben sich zwei ganz konkrete und geradezu existenzielle Fragen:

- Wie kann ein Unternehmen die Käufer für sich gewinnen und
- wie kann es in dem Wettbewerb mit anderen Unternehmen erfolgreich sein?

6.2 Zwei Arten, Marketing zu betreiben

Benannt sind damit zwei Fragen, die in unterschiedlicher Weise beantwortet werden können.

Zum einen können ausschließlich sofort greifende Maßnahmen erwogen werden. Dies können durchaus wirksame Maßnahmen sein: Es werden die Werbeaktivitäten verstärkt (z.B. durch noch mehr Prospekte und Flyer) und/oder die Produkte werden konkurrenzlos günstig angeboten. Gleichwohl stehen sie in Gefahr, reaktiv und auf eine kurzfristige Wirkung begrenzt zu sein.

Marketing ist in diesem Fall eine nachgelagerte, zweitrangige Zusatzaufgabe zum vorhandenen betrieblichen Leistungsprozess. In diesem Sinn wird es wohl auch (noch) gängige Praxis in vielen (kleineren) Unternehmen sein. Im Kern ist Marketing hier reduziert auf Werbung und Verkaufsförderung. Wie weiter unten deutlich wird, wird bei dieser Art von Marketing noch nicht einmal das Leistungsspektrum des Marketing-Mix ausgeschöpft (vgl. Kap. 6.4.5).

Demgegenüber betont die BWL eine andere Art Marketing. Hierunter versteht sie „die bewusste marktorientierte Führung des gesamten Unternehmens oder (ein) marktorientiertes Entscheidungsverhalten in der Unternehmung. Marketing bedeutet dementsprechend Planung, Koordination und Kontrolle aller auf die aktuellen und potenziellen Märkte ausgerichteten Unternehmensaktivitäten“ (Meffert 2012, S.11).

Marketing ist in diesem Sinne nicht eine zusätzliche Grundfunktion eines Unternehmens, sondern eine „konzeptionelle, bewusst marktorientierte Unternehmensführung, die sämtliche Unternehmensaktivitäten an den Bedürfnissen gegenwärtiger und potenzieller Kunden ausrichtet“ (Runia u.a., 2005, S. 4).

Im gleichen Sinn wird es auch als ein unternehmerischer Denkstil bezeichnet, „der sich durch eine schöpferische, systematische und zuweilen auch aggressive Note auszeichnet. Man begnügt sich nicht (...) damit, auf Entwicklungen zu reagieren, also Daten zu registrieren, sondern strebt danach, selbst Daten zu setzen“ („Marketing“ bei Wikipedia, 25.03.13).

Im Unterschied zu der zuerst genannten Art ist diese „ganzheitliche“ Art von Marketing dadurch gekennzeichnet, dass sie eine entschiedene Orientierung des gesamten Unternehmens auf den Verkauf beinhaltet und hierbei eine mittel- bis langfristige Perspektive im Blick hat.

Unternehmen sind dann erfolgreich, so die Empfehlung der Betriebswirte, wenn sie nicht so sehr auf Gegebenheiten des aktuellen Marktes mit kurzfristigen Marketingaktivtäten reagieren, sondern die zukünftigen Marktentwicklungen in den Blick nehmen und das gesamte Unternehmen auf diese ausrichten.

Dieser Empfehlung liegt die deutliche Annahme zugrunde, dass eben jene Unternehmen in der Konkurrenz um die Befriedigung der Kundenwünsche einen Wettbewerbsvorteil haben,

- die diese Kundenwünsche mittel- bis langfristig am besten einschätzen können,
- die mit ihren Leistungen den Kunden einen größtmöglichen Nutzen erbringen,
- die sich mit ihren Leistungen (und auch als gesamtes Unternehmen) deutlich von dem Angebot der Konkurrenten unterscheiden
- und denen es gelingt, eine dauerhafte Befriedigung der Kundenbedürfnisse in Aussicht zu stellen und die Kunden langfristig an sich binden können.

Vor allem der letzte Punkt ist in der jüngsten Vergangenheit verstärkt in den Blickwinkel der Betriebswirte gekommen. Nach ihrer Auffassung ist vor allem ein ausgeprägtes Customer-Relationship-Management ein brauchbares Mittel zu einem nachhaltigen Markterfolg.

6.3 Marketing und strategische Unternehmensführung

Marketing in diesem Sinne hat damit eine strategische Dimension und – in der Folge – viele Berührungspunkte mit der strategischen Unternehmensführung insgesamt. Dies ist für Lernende bisweilen verwirrend. Nicht nur weil viele Instrumente, die im Bereich der strategischen Unternehmensführung erörtert werden, sich auch im Bereich Marketing (bzw. im Controlling) finden lassen, sondern auch weil der Unterschied zwischen beiden Bereichen verwischt wird und der Strategiebegriff unbestimmt bleibt.

In einem ersten Anlauf kann der Begriff der Strategie durch die Zeitdimension bestimmt werden: Strategie ist demzufolge immer mittel- bis langfristig orientiert, wobei die konkrete Zeitangabe schwankend ist. Manchmal wird dieser Zeitraum mit drei bis fünf Jahren, manchmal mit vier bis acht Jahren angegeben. Einigkeit besteht nur darin, dass dieser Zeitraum auf jeden Fall über ein Geschäftsjahr hinausgeht.

Mit der Zeitperspektive ist aber auch eine inhaltliche Bestimmung des Begriffes Strategie verbunden: Eine strategische Planung bzw. eine strategische Unternehmensführung beschäftigt sich mit der zukünftigen Existenz eines Unternehmens. Bei dieser kann die Sicherung des Überlebens oder aber das Wachstum, die Expansion, im Vordergrund stehen. Häufig wird dies auch kombiniert: Ein Unternehmen überlebt, wenn es wächst (u.a. weil es so das Wachstum anderer Unternehmen begrenzt).

Mit der Ausrichtung auf die Zukunft hat die Strategie Gemeinsamkeiten mit der Vision. Diese bezeichnet ein Wunschbild für die Zukunft, von dem ein Unternehmen sich Orientierung und vor allem Motivation erhofft. So reicht es für eine Vision aus, wenn sie zum Inhalt hat, im Jahr 2020 zum anerkannten Lieferanten hochwertiger Rennräder zu werden, die im Profiradsport wie auch im Freizeitsport führend sind.

Von der Vision unterscheidet sich die Strategie jedoch eindeutig, indem sie konkrete und realisierbare Ziele formuliert und auch Angaben macht, wie diese Ziele erreicht werden können. Eine Strategie kombiniert somit immer Überlegungen hinsichtlich des „Was will ich erreichen?“ mit Überlegungen hinsichtlich des „Wie kann ich dies erreichen?“.

Strategische Planungen und auch die strategische Unternehmensführung sind damit immer auch qualitativ und nicht rein quantitativ orientiert.

Beispiel

Es liegt noch keine hinreichende Strategie vor, wenn ein Unternehmen für sich festlegt, in den nächsten drei Jahren den Gewinn um 10 % zu steigern, indem es den Umsatz um 30 % vergrößert und die Kosten begrenzt. Strategisch werden diese Zielsetzungen erst dann, wenn Festlegungen getroffen werden, wie der Umsatz um die genannten 30 % gesteigert werden kann.

Bei einer Strategie geht es also immer auch um Sachziele und die Bedingungen ihrer Erreichung.

Auf der Grundlage dieser Überlegungen spricht viel dafür, dass eine Marketingstrategie zwar nur eine Teilstrategie innerhalb der gesamtstrategischen Planung darstellt, gleichwohl als die vorrangige „Funktionsstrategie" angesehen werden kann. Als solche ist sie bestimmend für weitere Teilstrategien. Sind Festlegungen getroffen worden, wie der Marktanteil gesteigert werden kann, dann müssen auch Überlegungen angestellt werden, wie die Organisation im Hinblick auf dieses Wachstum gestaltet wird, über welche Maschinen die Produktion verfügen muss, um die erforderliche Menge zu produzieren, und wie die erforderlichen finanziellen Mittel beschafft werden.

Das Spektrum all dieser Überlegungen und Festlegungen deckt die strategische Unternehmensführung ab, deren Kern die Marketingstrategie ist.

6.4 Die grundlegende Voraussetzung: Genaue Kenntnis des Marktes und gute Selbsteinschätzung

„Wir kennen unseren Markt und haben eine knallharte Einschätzung", so äußerte sich einmal ein über fast zwei Jahrzehnte sehr erfolgreicher Unternehmer in der EDV-Branche. Ergänzen ließe sich, dass die „knallharte" Einschätzung sich auf die Handlungsmöglichkeiten seines Unternehmens bezog. Die Botschaft seines Satzes war damit: Aufgrund einer exakten Kenntnis des Marktes und (einer ebenso exakten) Kenntnis seiner Produkte sowie seines Leistungsvermögens hatte er eine „knallharte", d.h. realistische Einschätzung seiner Handlungsmöglichkeiten (und Handlungsnotwendigkeiten). Eine sehr vollmundige Behauptung, die einige Fragen aufkommen lässt:

- Wie kann ein Unternehmen zu einer exakten Kenntnis des Marktes kommen?
- Wie kann es seine Produkte und sein Leistungsvermögen im Hinblick auf den betreffenden Markt einschätzen?
- Wie kann es aufgrund dieser Kenntnis zu einer realistischen Einschätzung seiner Handlungsmöglichkeiten kommen? Und:
- Wie kann es seine Produkte bestmöglich am Markt anbieten?

Die Auflistung der Fragen macht schon deutlich, dass im Hinblick auf eine Strategiebestimmung der Blick eines Unternehmens nach außen und innen zu erfolgen hat. Die grundlegende Frage ist: Wie ist es „draußen" auf dem Markt und was ist im Innenbereich des Unternehmens (oder was sollte/muss im Innenbereich sein), um auf dem Markt erfolgreich zu sein.

Diese grundlegende Frage ist durchaus mit der Gefahr verbunden, sich bei der Suche nach Antworten zu verlieren und die Handlungsoptionen zu vergessen. Im Laufe der Zeit hat deshalb die BWL einige Instrumente entwickelt, die in rationeller Weise beides leisten: Analyse und Handlungsorientierung. Was auch heißt, dass die Analyse nur im Hinblick auf die sinnvollen Handlungsschritte durchgeführt wird.

6.4.1 Der Blick nach außen: Marktforschung und mehr

In der Sprache der Volkswirtschaft ist der Markt der Ort, an dem Anbieter und Nachfrager zusammentreffen. Will ein Anbieter seine Produkte erfolgreich absetzen, muss er also wissen, was die Nachfrager wünschen und wie sie bedient werden wollen. Dieser Anbieter muss aber auch wissen, welche anderen Anbieter aktiv sind, welches Angebot diese auf welche Weise unterbreiten. Und da bekanntlich ein Ganzes, z.B. der Markt, mehr ist als die Summe seiner Teile, lohnt sich die weitere Frage, welche grundlegenden Merkmale der betreffende Markt aufweist.

Alle Fragen werden in diesem Zusammenhang nur in praktischer Absicht gestellt: Sie werden gestellt, um Anhaltspunkte für das eigene, auf (Wettbewerbs-)Vorteile ausgerichtete Handeln zu bekommen.

6.4.1.1 Eine erste Annäherung an den Markt

Eine erste Annäherung an den Markt erfolgt durch eine Festlegung und damit durch eine Abgrenzung: Dies ist der betreffende Markt und das ist er nicht! Das klingt banal und doch ist diese Festlegung von entscheidender Bedeutung. Sicherlich ist es möglich, die ganze Branche, in der ein Unternehmen tätig ist, als den betreffenden Markt anzusehen. Allerdings wird damit eine umfassende Größe in den Blick gerückt, die sich bei genauerer Sicht in verschiedene Teilgrößen unterteilen lässt.

Für die Flott'n Bike ist der betreffende Markt „eigentlich" klar: Der Handel mit Fahrrädern, vom Kinderfahrrad über Dirtbike und E-Bike bis hin zu den hochwertigen Rennrädern. Der Verkauf erfolgt auf unterschiedlichen

Wegen und an unterschiedlichen Orten: durch den Fachhandel (der seinerseits eine heterogene Gruppe darstellt), in Kaufhäusern und Verbrauchermärkten und via Internet. So zumindest stellt sich die Situation in Deutschland dar. Wie aber ist sie in den anderen europäischen Staaten?

Auch die Flott'n Bike steht damit vor der Aufgabe, zumindest zunächst eine Festlegung und damit eine Entscheidung zu treffen. Sie beschließt:

- *Sie handelt mit hochwertigen Rädern, vor allem mit Rennrädern und Mountainbikes. Weitere Räder können später das Sortiment ergänzen.*
- *Sie verkauft nur über den Fachhandel; Kaufhäuser und Verbrauchermärkte kommen als Mittler/Kunden nicht in Betracht. Nur für den Fachhandel unterhält sie eine Internetplattform, über die auch gekauft werden kann.*
- *Sie zielt auch auf andere europäische Länder: Die Niederlande, Italien, Frankreich, Spanien sind durchaus radsport-, radfahrbegeisterte Nationen.*

Erst auf der Grundlage dieser Festlegungen können quantitative und qualitative Merkmale des betreffenden Marktes gewonnen werden. Zu den quantitativen Merkmalen zählen:

- Das Marktvolumen, womit die gesamte abgesetzte Menge an Rennrädern (bzw. Mountainbikes) beziffert wird, die über den Fachhandel verkauft wird.
- Das Marktpotenzial, das die Menge der potenziell absetzbaren Rennräder (bzw. Mountainbikes) angibt.

Selbst wenn zu beiden nur Annäherungswerte zu ermitteln sind, so sind diese dennoch hilfreich. Mit ihnen kann der so genannte Marktsättigungsgrad, als Verhältnis von Marktvolumen und Marktpotenzial errechnet werden. Mit ihnen kann ferner der eigene (relative) Marktanteil festgestellt werden, indem die eigene Absatzmenge in Beziehung zum gesamten Marktvolumen gesetzt wird.

Marktsättigungsgrad und relativer Marktanteil stellen wichtige Kennziffern dar: Ist der Marktsättigungsgrad hoch, werden sich Investitionen in diesen Markt (mit seinen Produkten) erübrigen. Ist der relative Marktanteil gering (und der Markt dennoch attraktiv – siehe unten), dann konzentrieren sich die Überlegungen auf die Erhöhung des Marktanteils.

Auch in qualitativer Hinsicht ist die möglichst exakte Bestimmung des Zielmarktes wichtig. Je eingegrenzter der Markt, desto bestimmbarer sind die Marktteilnehmer, seien es die Konkurrenten, seien es die Kunden. Die Eingrenzung von Märkten eröffnet zudem den Blick für die Beziehungen zwischen den Märkten, denn ein Teilmarkt ist eben dadurch Teilmarkt, dass er – neben anderen Teilen – Teil von einem Ganzen ist.

Auch diese Aussage ist bei Karl und seinem Team angekommen. Sie wollen zunächst Räder für begeisterte Radsportler und Mountainbiker bauen und über den Fachhandel vertreiben. Das ist ihr Markt. Gleichwohl wollen sie die anderen Teilmärkte im Auge behalten und beobachten, was sich auf den Märkten für Crossräder, Dirtbikes und Cityräder tut. Ein Mountainbiker kann auch ein Kunde für ein Dirtbike sein – oder andersrum: Ein Dirtbiker kann auch Gefallen am Mountainbike bekommen. Ebenso kann vor dem Hintergrund weiter steigender Kraftstoffpreise ein Rennsportler Gefallen an einem Cityrad bekommen, das eine sportliche Note hat.

6.4.1.2 Der Kunde, das (un-)bekannte Wesen

Erst auf der Grundlage einer solchen Marktbestimmung können die Kunden bestimmt werden. Nun glaubt jedes Unternehmen zu wissen, wer seine Kunden sind, und manche Verkäufer haben durchaus ein ausgeprägtes Gespür für ihre Kunden.

Dies sind gleichwohl Momentaufnahmen, die auf subjektiven Erfahrungen (und Menschenkenntnis) beruhen. Parallel sollte ein Unternehmen auf eine umfassende Bestandsaufnahme über die betreffenden Kunden zurückgreifen können.

Daten für eine solche Bestandsaufnahme kann ein Unternehmen zum einen extern, d.h. vorrangig von Marktforschungsinstituten, erwerben. Diese können, je nach Fragestellung und je nach Auftragsvolumen, eine Primär- oder Sekundärerhebung durchführen. Bei der Primärerhebung würden mittels verschiedener Arten von Interviews, Fragebögen, Beobachtungen usw. direkt originäre Daten erhoben und

– entsprechend der Fragestellung – ausgewertet. Alternativ würde bei einer Sekundärerhebung auf bereits vorhandene Daten zurückgegriffen und diese würden im Hinblick auf die Fragestellung – so weit es geht – ausgewertet.

Jedes Unternehmen verfügt daneben über eigene Daten und erhält laufend Informationen von Kunden, die es auch sammeln und auswerten kann. Daten sind zum einen in Form des Kundenstammes in der EDV vorhanden, in der auch die Kaufaktivitäten gespeichert werden. Verkäufer führen – das ist ihr Job – Verkaufsgespräche mit Kunden, andere Mitarbeiter im Unternehmen nehmen Reklamationen entgegen – das ist dann ihr Job.

Sofern bei ihnen wie bei den anderen Repräsentanten des Unternehmens die Bereitschaft vorhanden ist, etwas von ihren Kunden in Erfahrung zu bringen, und sofern diese Informationen gesammelt werden, erhält ein Unternehmen ein deutliches Bild, ein Profil, seiner Kunden.

Sowohl die Informationen über die Kunden als auch die oben beschriebenen Angaben zum Markt weisen einen Nachteil auf: Sie sind sehr umfassend und vielseitig auslegbar. Welche Schlüsse aus ihnen gezogen werden können und welche strategischen Schritte aus ihnen entwickelt werden sollten, ist weitgehend unbestimmt. Vor diesem Hintergrund versprechen die schon angesprochenen (Analyse-)Instrumente einen deutlichen Vorteil: Sie konzentrieren von vornherein den Blick, ermöglichen eine schnelle Auswertung und leiten direkt zu Handlungsempfehlungen über.

6.4.1.3 Der Markt, das (noch un-)bekanntere Wesen: Die Produkt-Markt-Matrix

Beschäftigt sich ein Unternehmen z.B. mit der Frage, welche grundlegenden Merkmale der Markt aufweist, auf dem es aktiv ist, dann fällt es im Hinblick auf die Bestimmung eigener Handlungsoptionen schwer, sich auf passende Merkmale zu konzentrieren. Eine Hilfe kann in diesem Zusammenhang die Produkt-Markt-Matrix (Ansoff-Matrix) darstellen. Wie andere Instrumente auch, stellt sie ein eher grobes Raster dar. Bei der Kennzeichnung der Märkte arbeitet sie mit nur zwei Kriterien:

- aktuelle bzw. neue Märkte sowie
- aktuelle bzw. neue Produkte.

Die weitere Untersuchung geht also dahin, ob ein Unternehmen auf einem aktuellen, schon jetzt vorhandenen Markt aktiv ist und ob es auf diesem aktuelle, d.h. schon vorhandene Produkte oder neue Produkte anbietet. Ergänzend kann es überprüfen, ob es auf einem neuen, sich noch entwickelnden Markt tätig ist und ob es diesen mit schon vorhandenen oder neuen Produkte bedient. Im Ergebnis ergeben sich vier Produkt-Markt-Kombinationen:

- aktuelle Produkte auf aktuellen Märkten,
- neue Produkte auf aktuellen Märkten,
- aktuelle Produkte auf neuen Märkten,
- neue Produkte auf neuen Märkten.

Jeder dieser Produkt-Markt-Kombinationen wird eine bestimmte Strategie zugeordnet, was sich schematisch wie folgt darstellt:

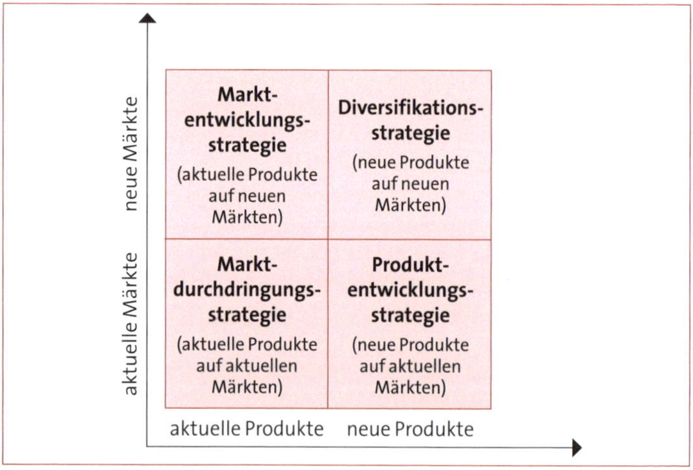

Abb. 8: Die Ansoff-Matrix

Bedient ein Unternehmen einen bereits vorhandenen Markt mit bereits vorhandenen Produkten, dann lautet die strategische Empfehlung, diesen Markt zu durchdringen, das heißt, den eigenen Marktanteil auszubauen. Dieses Unternehmen sollte sich darauf konzentrieren, die Nachfrage der Kunden für sich zu gewinnen und einen Wettbewerbsvorteil gegenüber den Konkurrenten zu erreichen.

Bedient ein Unternehmen einen bereits vorhandenen Markt mit neuen Produkten, dann sollte es eine Produktentwicklungsstrategie verfolgen. Dieser Begriff mag angesichts der strategischen Aufgabe unglücklich erscheinen, denn im Kern geht es darum, die Besonderheiten des eigenen Leistungsprogramms (der eigenen Produkte) herauszustellen, damit sie auf dem Markt die gewünschte Nachfrage finden – durchaus zulasten der bereits vorhandenen Produkte.

Ähnlich verhält es sich bei der Marktentwicklungsstrategie, die dann angeraten ist, wenn für vorhandene Produkte ein neuer Markt erst entwickelt werden muss. Bei dieser Strategie geht es darum, für vorhandene Produkte neue Käuferschichten zu gewinnen. Produktentwicklungs- und Marktentwicklungsstrategie sind damit keine Gegensätze, sondern stellen vielmehr sich ergänzende Optionen dar. Ein Unternehmen kann darauf abzielen, für seine Produkte Kunden zu gewinnen, die sich bisher bei anderen Anbietern versorgten, wie auch neue Käufergruppen zu erschließen.

Die Diversifikationsstrategie ist von den bisher genannten deutlich unterschieden. Es geht bei ihr darum, für neue, noch nicht bekannte Produkte neue, noch nicht aktiv gewordene Käufer zu gewinnen. Benannt ist hiermit eine sehr risikoreiche Strategie, die gleichwohl notwendig sein kann.

Karl und sein Team haben die Ausführungen gut nachvollziehen können. Ihnen ist unmittelbar klar, dass sie auf aktuellen Märkten aktiv sind. Unklar ist ihnen, ob sie aktuelle oder neue Produkte anbieten. Mit ihrer bisherigen Absicht, hochwertige Rennräder und Mountainbikes anzubieten, haben sie aktuelle Produkte, wenn man aktuell so versteht, dass diese Produkte bereits von anderen Anbietern angeboten werden. Aus Sicht der Kunden sind es aber neue Produkte, die es bisher noch nicht gab. Dennoch waren die Hinweise hilfreich, dass sie die Besonderheiten ihrer Produkte herausstreichen, also Produktentwicklung betreiben sollten, und dass sie für ihre Produkte neue Käuferschichten gewinnen, also Marktentwicklung zu betreiben hätten. Sie denken intensiv darüber nach, was das Besondere ihrer Räder ist und wer noch für Radsport und Mountainbiking zu gewinnen ist. Auch dämmert ihnen, dass es durchaus angeraten ist, das eigene Sortiment um weitere Räder zu erweitern.

Die Ansoff-Matrix wurde zu Beginn als ein grobes Raster vorgestellt und als solches weist sie Beschränkungen auf. Sie liefert keine Hinweise, wie eine Produktentwicklungsstrategie durchzuführen ist, sondern eben nur, dass sie praktiziert werden sollte. Auch lässt sie die Konkurrenzsituation auf den Märkten außer Acht. Ist auf aktuellen Märkten der Wettbewerb stets ausgeprägter als auf neuen? Und wenn er ausgeprägter ist, wie wird er ausgetragen? Usw.

6.4.1.4 Die Branchenstrukturanalyse

Aussagekräftiger ist ein weiteres Instrument, das mit dem Begriff der Branchenstrukturanalyse verbunden ist. Dieses hat einen umfassenden Blick auf den betreffenden Markt:

- Es setzt den Absatzmarkt mit dem entsprechenden Beschaffungsmarkt in Beziehung und nimmt die Verhandlungsstärke der Zulieferer in den Blick;
- es sieht in den Kunden nicht nur eine nachfragende Größe, sondern analysiert sie auch im Hinblick auf ihre Verhandlungsstärke, auf ihre Macht, Einfluss auf den Preis zu nehmen;
- es achtet neben den vorhandenen Konkurrenten auch auf mögliche neue, die im Begriff sind, auf dem Markt aktiv zu werden;
- es sieht neue Produkte auch in ihrem Bedrohungspotenzial, da diese einen Ersatz für die aktuellen Produkte darstellen können.

Dieses Modell wird auch mit dem Begriff des Fünf-Kräfte-Modells bezeichnet, da es mit seinen Fragestellungen auf fünf Kräfte (= Faktoren) abzielt, die den betreffenden Markt (in diesem Fall: die Branche) ausmachen. Anders ausgedrückt: Dieses Instrument verweist Unternehmen auf die Überprüfung

1. der Rivalität unter den bestehenden Wettbewerbern,
2. der Bedrohung durch neue Anbieter,
3. der Verhandlungsstärke der Lieferanten,
4. der Verhandlungsstärke der Abnehmer und schließlich
5. der Bedrohung durch Ersatzprodukte.

Im Ergebnis liefert dieses Instrument ein sehr vielschichtiges Bild von dem betreffenden Markt. Es kann durchaus genutzt werden, um zu einem Gesamturteil über den Markt zu kommen, denn je stärker die Bedrohung in den genannten Bereichen ist, desto unattraktiver ist der Markt (vgl. auch Kap. 6.4.3.2). Bei rein rationaler Betrachtung lohnt es sich nicht, auf einem Markt aktiv zu werden, auf dem schon eine große Konkurrenz vorhanden ist und die Verkaufsaktivitäten durch eine große Verhandlungsstärke auf Lieferanten- und Kundenseite bedroht sind.

Abseits dieses Gesamturteils kann es auch eindeutige Schwerpunkte bei der Strategiebestimmung festlegen: Stellt ein Unternehmen z.B. fest, dass vor dem Hintergrund einer geringen Wettbewerbsintensität, dem Ausbleiben einer Bedrohung durch neue Anbieter und durch Ersatzprodukte den Abnehmern keine Verhandlungsstärke zukommt, hingegen aber die Lieferanten eine starke Verhandlungsmacht haben, dann wird es ein strategisches Ziel sein, ihnen diese Verhandlungsstärke zu nehmen. Mit anderen Worten: Die Verhandlungsstärke der Lieferanten stellt den so genannten Engpass dar, der durchbrochen werden sollte.

6.4.2 Ein brauchbares Modell im Hintergrund: Der Produktlebenszyklus

Im Hinblick auf ein Erfolg versprechendes Marketing stellt die BWL nicht nur Instrumente zur Markt- (und Umfeld-)Analyse bereit. Schon früh verwies sie darauf, dass jedes auf dem Markt angebotene Produkt einen bestimmten Lebenszyklus durchläuft. In grafischer Darstellung verläuft die „Lebenslinie" eines Produktes folgendermaßen:

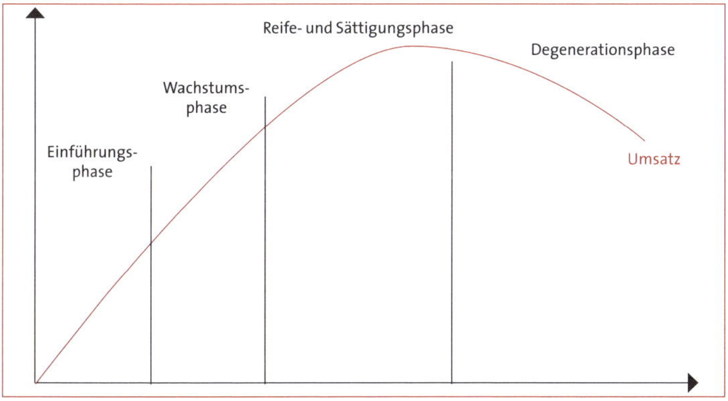

Abb. 9: Produktlebenszyklus

Wie ersichtlich steigt in der Einführungsphase das betreffende Produkt in der Kundengunst an und führt zu langsam steigenden Umsätzen. Da es neu auf dem Markt ist, muss es erst eine bestimmte Bekanntheit erhalten – entsprechend hoch sind die Ausgaben für Werbung. Die ersten Käufer sind in der Regel offen für Neues und durchaus experimentierfreudig bzw. darauf aus, neue Produkte als Erste zu erwerben (so genannte Innovatoren). Für das Unternehmen ist es in dieser Phase noch offen, ob das Produkt angenommen wird und ob es Gewinn, sprich Deckungsbeiträge, erwirtschaften wird.

Wenn das Produkt bekannter wird und die Nachfrage zunimmt, dann kommt das Produkt in die Wachstumsphase. In dieser Phase überschreitet das Produkt die Gewinnschwelle (siehe Kap. 8.3.5.3), d.h., ab einer nun erreichten Verkaufsmenge erwirtschaftet es Gewinn (Deckungsbeiträge). Ein Unternehmen wird nun versuchen, neue Käuferkreise zu erschließen, um es ggf. zu einem Massenprodukt zu machen.

Auf diesem Weg reduziert das Unternehmen häufig den Preis, entweder weil die Massenkunden nur zur Zahlung eines verringerten Preises bereit sind oder unter dem Druck der Konkurrenz. Anderen Unternehmen war schließlich nicht entgangen, dass das betreffende Produkt angenommen wurde. Der Zuspruch hat sie motiviert mitzuziehen: mit vergleichbaren Produkten, mit Alternativprodukten, mit Plagiaten usw. Der sinkende Preis drückt auf den Gewinn (Deckungsbeitrag).

Der Druck erhöht sich noch in der nächsten Phase, der Reife- und Sättigungsphase, da die Konkurrenz zunimmt und häufig über den Preis ausgetragen wird. Gleichwohl erzielt das Unternehmen in dieser Phase die höchsten Umsatzzahlen – bei sinkenden Gewinnen.

Das Unternehmen ist nun mehrfach gefordert: In dieser Phase muss es der bitteren Realität, dass sein Produkt demnächst degenerieren wird, ins Auge sehen: Der Umsatz wird zurückgehen, weil die Nachfrage gesättigt ist. Vielleicht betreiben schon manche Konkurrenten einen Abverkauf, bei dem sie zu deutlich reduzierten Preisen ihre Produkte auslaufen lassen. Das Unternehmen kann Überlegungen anstellen, ob es sein Produkt mit Produktvariationen noch eine Weile in der Reife-/Sättigungsphase halten kann, bevor es dann doch in die Degenerationsphase kommt und ausläuft.

Der Produktlebenszyklus ist ein Modell und damit idealtypisch. Bei einzelnen Produkten kann die Einführungsphase sehr lang sein, bei anderen sehr kurz. Bei einigen Produkten ist die Wachstumskurve steil nach oben gehend, während sie bei anderen flach ansteigt. Auch die Sättigungs- und die Reifephase können je nach Produkt ganz unterschiedliche Zeitverläufe haben. Ein jedes Unternehmen ist also gefordert, bei seinen Produkten den jeweiligen Produktlebenszyklus zu ermitteln.

Gleichwohl hat dieses Modell eine nicht zu unterschätzende Funktion: Es ermahnt die Unternehmensleitung (und die Produktmanager), immer die Degeneration im Auge zu behalten und rechtzeitig an Produktveränderungen und Produktalternativen zu denken. Etwas überspitzt ausgedrückt benötigt ein Unternehmen gerade dann, wenn der Umsatz am höchsten ist, schon Alternativen, die in der Wachstumsphase sind. Anders ausgedrückt:

> *Wenn der Gewinn eines Produktes spürbar sinkt, sollte der Gewinn eines anderen Produktes steigen, damit die Summe der Deckungsbeiträge (aller Produkte) annähernd gleich bleibt.*

Die Mahnung, die dieses Modell gibt, geht dann auch dahin, dass ein Unternehmen über ein gut abgestimmtes Sortiment, über ein Produktportfolio, verfügen sollte, mit dem es möglichst gleichbleibende Deckungsbeiträge erwirtschaften kann.

Der Produktlebenszyklus hat Karl nachdenklich gemacht. So überlegt er, welchen Produktlebenszyklus Rennräder haben. Gewiss, sie gibt es schon seit Jahrzehnten, aber die Technik hat sich gewaltig geändert. Und auch die Form des Rahmens ist heute nicht mehr so wie früher. Auch wenn Rennräder eine lange Tradition haben und in Jahrzehnten wohl noch nachgefragt werden, so scheint es doch so zu sein, dass sich die Zyklen hinsichtlich der Technik verkürzen. Umso mehr beeindruckt ihn die Mahnung: Es wird in der Tat wichtig, ein Produktportfolio vorzuhalten, das den Nachfragerückgang bei einem Produkt durch ein anderes Produkt ausgleicht.

6.4.3 Der Blick auf die Schnittmenge von außen und innen

Die Ansoff-Matrix wie auch die Branchenstrukturanalyse richten den Blick nahezu ausschließlich nach außen, auf den Markt und seine Besonderheiten. Auch wenn sie nur auf einer sehr allgemeinen Ebene Handlungsoptionen anbieten, so leisten sie dennoch eine Konzentration der Aufmerksamkeit. Sie richten den Blick auf wichtige Bedingungen, die für den unternehmerischen Erfolg hilfreich oder hinderlich sind.

Dieser Blick nach außen muss notwendigerweise mit einem Blick nach innen, auf das eigene Leistungspotenzial, ergänzt werden. Auf einer eher umfassenden Ebene leistet dieses die in Kapitel 9.4 vorgestellte SWOT-Analyse. Einen eher begrenzten Blick auf die eigenen Produkte in Verbindung mit den Bedingungen des Marktes schaffen die beiden nachfolgenden Instrumente, die auch ziemlich eindeutige Handlungsempfehlungen aussprechen.

6.4.3.1 Die BCG-Matrix

Der unternehmerische Erfolg hängt eindeutig von der guten Vermarktung der Produkte ab. Das Ziel besteht also immer darin, solche Produkte anzubieten, die in einem hohen Maße möglichst langfristig nachgefragt werden. Gleichwohl – und das war die wichtige Botschaft des Produktlebenszyklus – wird die Nachfrage nach einem Produkt irgendwann abnehmen.

Im Hinblick auf die Marketingstrategie steht ein Unternehmen somit vor einer doppelten Aufgabe: Zum einen benötigt es eine Produktplanung, die die Degeneration eines Produktes durch die Reifephase eines anderen Produktes ergänzt. Zwar ist es durchaus verlockend, über mehrere Produkte zu verfügen, die sich zeitgleich in der Reifephase befinden. Auf jeden Fall ist aber zu vermeiden, dass sich ein (oder mehrere) Produkt(e) in der Degeneration befinden, ohne dass ein Ersatzprodukt in der Reifephase oder stabil in der Wachstumsphase ist. Ebendeswegen besteht zum anderen die weitere Aufgabe darin, für ein aufeinander abgestimmtes und ausgewogenes Produktportfolio zu sorgen.

Lösbar wird diese Aufgabe mithilfe einer Matrix, eines Rasters, mit dem die Produkte eines Unternehmens in vier Kategorien eingeteilt werden. Die Eintragung erfolgt anhand zweier Kriterien:

- relativer Anteil an dem Markt und
- prozentuales Wachstum des Marktes.

Der relative Marktanteil kann in diesem Zusammenhang auf verschiedene Arten bestimmt werden. Sofern das gesamte Marktvolumen (Wie viel wird insgesamt auf diesem Markt umgesetzt? – siehe auch Kap. 6.4.1.1) oder der Marktanteil des stärksten Konkurrenten bekannt ist, wird das eigene Absatzvolumen bzw. der eigene Marktanteil in Beziehung zu diesem gesetzt.

Für das Marktwachstum greift man, falls möglich, auf die durchschnittliche Wachstumsrate des Marktes (der Branche) oder auf die aktuell gültige Wachstumsrate der gesamten Wirtschaft, abzulesen am Bruttoinlandsprodukt zurück.

Für das Raster werden nun die beiden Achsen Marktwachstum und Marktanteil unterschieden. Liegt das Raster in dieser Form vor, dann kommt es darauf an, die eigenen Produkte, Produktgruppen (oder strategischen Geschäftseinheiten) in dieses Raster (anhand der genannten Kriterien) einzusortieren.

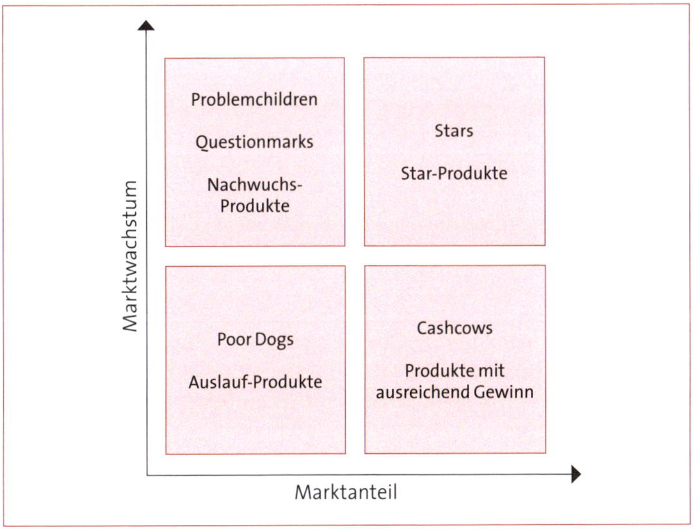

Abb. 10: BCG-Matrix

Steigt zum Beispiel der Verkauf eines Produktes erkennbar an, sodass eine Wachstumsrate oberhalb des Durchschnittswertes erreicht wird, dann liegt das Produkt im oberen Bereich der y-Achse. Ist gleichzeitig der realisierte Marktanteil noch gering, d.h. kleiner als 1, dann liegt ein Produkt vor, das „Problemchildren" (bzw. „Baby") oder auch „Questionmark" (Fragezeichen) genannt wird.

Die Begriffe sind sehr bezeichnend: Mit diesem Produkt sind Sorgen verbunden, die sich in einer Frage artikulieren lassen: Lohnt es sich in dieses Produkt weiter zu investieren, damit es einen höheren Marktanteil erhält? Diese Frage stellt sich mit Dringlichkeit, weil das Ziel darin besteht, es zu einem „Star" zu machen – zu einem Produkt, das hohe Wachstumsraten und einen hohen Marktanteil aufweist und damit einem Produkt in der Reifephase entspricht.

Weist ein Produkt bei einem hohen Marktanteil nur noch ein geringes Wachstum auf oder ist der Verkauf – auf hohem Niveau – rückläufig, stellt es eine „Cashcow", eine Melkkuh, dar, deren Deckungsbeiträge eingesteckt werden, ohne dass noch Aufwand mit diesem Produkt betrieben wird. Wann auch immer, aber es wird in die Degenerationsphase kommen, und aus der „Cashcow" wird ein „Poor Dog", der dem Ende entgegensieht.

Bei der Erläuterung der oben stehenden Matrix wurde schon angedeutet, dass mit jeder Einsortierung eines Produktes in dieses Raster deutliche Handlungsempfehlungen einhergehen. Unglücklicherweise werden diese Handlungsempfehlungen als Normstrategien bezeichnet. Dieser Begriff erweckt den Eindruck, als sei die empfohlene Strategie Norm, also eine unbedingt einzuhaltende Vorgabe. Dabei spricht viel dafür, diese „Normstrategien" lediglich als Orientierung für weitere Planungsüberlegungen zu verwenden.

Bei den „Problemchildren" („Questionmarks") lautet die Empfehlung: Selektion oder Penetrationsstrategie. Angeraten wird damit, eine Auswahl zwischen den verschiedenen Produktvarianten (oder Produkten einer Produktgruppe) vorzunehmen, um bei einigen mit zusätzlichen Investitionen den Marktanteil zu erhöhen. Andere Produkte würde man im Gegenzug nicht fördern, was zur Folge hat, dass sie zu „Poor Dogs" werden.

Bei den „Stars“ schwankt die Empfehlung zwischen weiterer Investition, um den Marktanteil weiter zu erhöhen, und einer Abschöpfungsstrategie, die darin besteht, die Deckungsbeiträge bei dem erreichten Marktanteil einzustreichen. Benannt ist damit eine Strategie, die auch bei den „Cashcows“ empfohlen wird.

Bei ihnen wird darüber hinaus eine Festpreisstrategie bzw. eine Preiswettbewerbsstrategie empfohlen: Entweder soll der Preis auf dem erreichten Niveau gehalten werden – auch auf die Gefahr einer geringeren Verkaufsmenge hin – oder der Preis wird reduziert, um eine möglichst große Menge abzusetzen.

Die Empfehlung bei den „Poor Dogs“ lautet: Entweder bis zum Ende eines positiven Deckungsbeitrages (wie groß auch immer) auslaufen lassen oder diesen Prozess durch Abverkauf verkürzen.

Ein grobes Raster wie die BCG-Matrix (mit nur vier Gruppen von Produkten) kann nur eine grobe Orientierung geben – was die Hoffnung weckt, dass ein feineres Raster eine genauere Orientierung bieten kann.

6.4.3.2 Die McKinsey-Matrix

Mit der so genannten McKinsey-Matrix wurde eine feinere Matrix geschaffen, bei der es auf jeder Achse drei Ausprägungen gibt. Aus der y-Achse der BCG-Matrix, die das Markwachstum repräsentierte, wurde nun eine Achse, die die Marktattraktivität darstellt. Attraktiv kann ein Markt sein, wenn er eine entsprechende Größe sowie ein bestimmtes Wachstum aufweist. Ferner ist er attraktiv, wenn er, aufgrund der Beziehung zum Beschaffungsmarkt, eine sichere und günstige Versorgung mit den benötigten Rohstoffen aufweist und wenn sich auf ihm vorteilhafte Preise realisieren lassen, sodass das unternehmerische Handeln mit attraktiven Renditen einhergeht. Weitere Kriterien wurden schon bei der Branchenstrukturanalyse dargelegt, sodass hier auf sie verwiesen werden kann. Wichtig ist an dieser Stelle der Hinweis, dass das Kriterium der Marktattraktivität deutlich subjektiver, und damit entsprechend den Bedürfnissen des jeweiligen Unternehmens, bestimmt werden kann als die Wachstumsrate bei der BCG-Matrix.

Ansonsten folgt die McKinsey-Matrix dem gleichen Prinzip wie die BCG-Matrix: Hat ein Produkt (oder eine Produktgruppe) einen hohen relativen Marktanteil auf einem attraktiven Markt, dann ist es in einer dem Star vergleichbaren Position: Seine Position gilt es uneingeschränkt zu verteidigen. Stellt das Unternehmen hingegen fest, dass das auf einem attraktiven Markt verkaufte Produkt nur einen mittelmäßigen Marktanteil aufweist, lautet die Handlungsempfehlung: Ausbau mit Investition und Eintritt in den Kampf um Marktführerschaft.

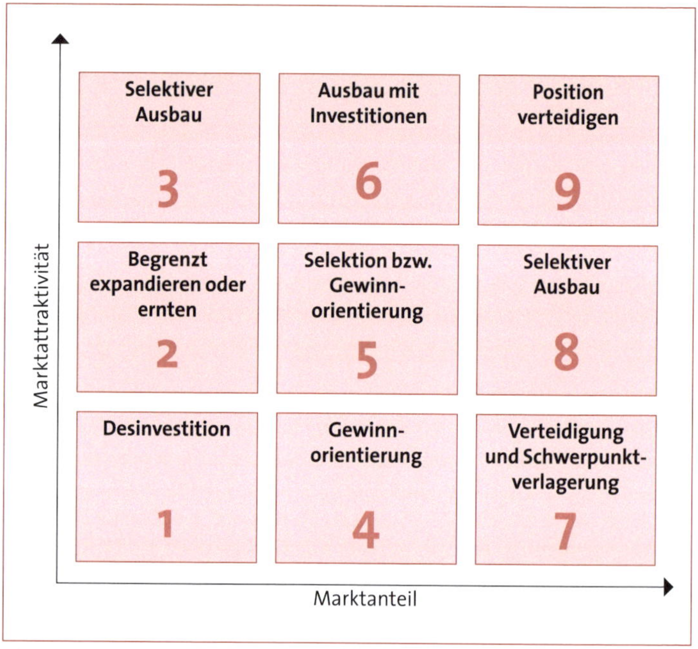

Abb. 11: McKinsey-Matrix

Im Ergebnis entwickelt die McKinsey-Matrix neun Handlungsempfehlungen (= Normstrategien), die sich im Kern auf drei reduzieren lassen: expandieren, auswählen, abschöpfen.

6.4.4 Der Marketingprozess

Die beiden zuletzt dargestellten Instrumente erwecken den Eindruck, als könne unmittelbar von einer Bestandsaufnahme zur Strategiebestimmung übergegangen werden. Hinzu kommt, dass sich alle Handlungsempfehlungen ausschließlich auf das Produktmanagement beziehen. Bei diesen Instrumenten liegt der Verdacht nahe, dass strategisches Marketing nur oder vorrangig darin besteht, ein durchdachtes Sortiment aus Produkten oder Produktgruppen zusammenzustellen.

Insofern ist es sinnvoller, diese Instrumente als mögliche Hilfsmittel bei einer umfassenden Situationsanalyse zu begreifen, die mit einer umfassenden Marktforschung beginnt.

Ziel dieser Situationsanalyse ist dabei immer, ein möglichst umfassendes und handlungsleitendes Bild von der Außenwelt sowie von der Innenwelt des eigenen Unternehmens zu bekommen.

Sind beide „Welten" und ihr Verhältnis zueinander bekannt, dann können die strategischen Ziele festgelegt werden. Sie folgen dabei immer der Frage: Was können wir angesichts der gegebenen Ausgangssituation (und ihrer wahrscheinlichen Entwicklung) realistischerweise (oder maximal) erreichen?

Sind die Ziele definiert, kann eine strategische Marketingplanung durchgeführt werden. Letztlich geht es um die einfache (aber schwierig zu beantwortende) Frage: Was müssen wir tun, um die soeben festgelegten Ziele zu erreichen? Wichtig ist in diesem Zusammenhang, dass die Fragen nach dem „Was" nicht von den Fragen nach dem „Wie" getrennt werden können. Lässt sich für ein festgelegtes Ziel die Frage nach dem „Wie" nicht schlüssig beantworten, dann muss das Ziel geändert oder präzisiert werden.

Nach Aussagen maßgeblicher Betriebswirte geht es bei der Festlegung einer Marketingstrategie immer um vier zentrale Fragen:

- Wie kann ein Unternehmen einen Wettbewerbsvorteil gegenüber anderen erzielen?
- Wie kann ein Unternehmen sich so am Markt positionieren, dass die Kunden es von den anderen Unternehmen unterscheiden und sogar bevorzugen?
- Wie kann ein Unternehmen eine Palette von Produkten aufbauen, sodass immer der gewünschte Gewinn erwirtschaftet wird?
- Wie kann ein Unternehmen im Hinblick auf Produktinnovationen führend sein?

Je nachdem welche Frage als zentral angesehen wird, steht eine bestimmte Strategie im Vordergrund. Damit ist auch ausgedrückt, dass sich die Strategien nicht ausschließen. Ein wenig überdacht, geben die oben aufgelisteten Fragen eine Reihenfolge der Wichtigkeit der ihnen zugeordneten Strategien an – wobei alle Strategien vor dem Hintergrund des grundlegenden Zieles zu sehen sind, einen möglichst nachhaltigen Zuspruch durch die Kunden zu erlangen.

Vor diesem Hintergrund macht in der Tat eine Wettbewerbsstrategie den meisten Sinn – es sei denn, ein Unternehmen hat diesen Vorteil schon. In diesem Fall kann es sich mehr mit der dritten Frage auseinandersetzen und eine so genannte Produktportfolio-Strategie verfolgen.

Ein Wettbewerbsvorteil kann nach Auffassung der Betriebswirte auf mehreren Wegen erreicht werden:

- durch überlegene, attraktivere Produkte,
- durch überlegene, effizientere Abläufe oder
- überlegene Kundenbeziehungen, die von Vertrauen geprägt sind und zu einer langfristigen Bindung führen.

Die zuletzt genannte strategische Option, auf eine überlegene Kundenbeziehung zu setzen, leitet schon zur so genannten Positionierungsstrategie über: Wie kann oder muss sich ein Unternehmen positionieren (am Markt auftreten), damit die Kunden in ebendiesem Unternehmen den Garanten ihrer Nutzenbefriedigung sehen?

Zusammenfassend lässt sich also behaupten, dass bei einer Strategiebestimmung immer Schwerpunkte gesetzt werden und damit auf einer eher allgemeinen Ebene die Richtung vorgegeben wird, in die sich das Unternehmen bewegen soll. Notwendig ist im Anschluss die Planung der konkreten Umsetzung; die strategische Planung muss notwendigerweise durch eine operative Planung ergänzt werden.

Wie nachfolgend deutlich wird, ist dieser Planungsbereich überaus vielschichtig, da in vielen Bereichen viele Maßnahmen und Festlegungen bedacht werden müssen. Die operative Planung hat damit Rückwirkungen auf die strategische Planung (genauso wie sie Rückwirkung auf die Ziele hat). Denn es ist wohl allgemein nachvollziehbar, dass das, was sich operativ, im Tagesgeschäft, nicht umsetzen lässt, strategisch nicht erreicht werden kann.

Auch der letzte Schritt innerhalb des Marketingprozesses hat Rückwirkung auf die operative Planung (und damit auf die strategische usw.). Stellt ein Unternehmen innerhalb seines Marketing-Controllings fest, dass sich bestimmte Maßnahmen nicht durchführen ließen oder nicht zu der beabsichtigten Wirkung führten, müssen andere Maßnahmen ergriffen werden.

In schematischer Darstellung stellt sich der Marketingprozess wie folgt dar:

Abb. 12: Marketingprozess

Das Marketing-Controlling bedient sich vor allem jener Instrumente, die in Kapitel 8.3.5 näher vorgestellt werden. Im Kern geht es um die grundlegende Frage, ob sich die einzelnen Maßnahmen des Marketing-Mix gelohnt haben.

6.4.5 Auf dem Weg zum Kunden muss gemischt werden: Der Marketing-Mix

Die operative Marketingplanung ist seit Jahrzehnten untrennbar mit dem so genannten Marketing-Mix verbunden. Mit ihm werden vier (bisweilen auch sieben) zentrale „Instrumente", die so genannten vier (bzw. sieben) Ps, bezeichnet. Der Marketing-Mix hat dabei einen eindeutigen Mittelcharakter:

Mit dem Marketing-Mix werden aus einer Marketingstrategie konkrete, aufeinander abgestimmte Marketingaktivitäten.

Schematisch wird der Marketing-Mix – in einer einfachen Form – häufig folgendermaßen dargestellt:

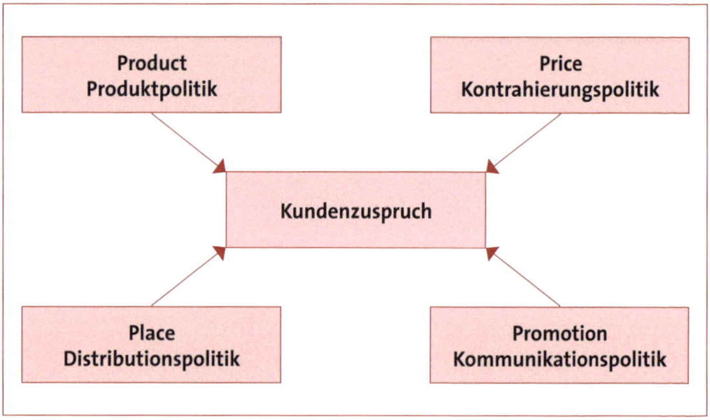

Abb. 13: Marketing-Mix

Was mit dem Marketing-Mix genau gemeint ist, wird verständlicher, wenn man den Begriff „Instrumente" mit „Planungs- und Aktionsbereiche" übersetzt und sich die Grundaufgabe des Marketings vergegenwärtigt: Es geht immer um einen möglichst umfassenden und dauerhaften Zuspruch der Kunden. Mit dem Marketing-Mix werden für dieses Ziel vier notwendige und sich ergänzende Bereiche benannt, mit denen eine Verbindung zum Kunden hergestellt werden kann.

6.4.5.1 Die Produktpolitik

Seinen Anfang nimmt der Marketing-Mix bei der Produktpolitik. Die grundlegende Annahme besteht darin, dass ein Verkaufsobjekt in einem sehr weit gehenden Maße den Wünschen der Kunden entsprechen muss.

Dies ist eigentlich ein banaler und scheinbar selbstverständlicher Sachverhalt (sieht man einmal von der Verwendung des Wortes „Verkaufsobjekt" ab). Er ist aber dann nicht banal, wenn man berücksichtigt, dass die Kundenwünsche sich nicht in der bloßen Verwendbarkeit eines Kaufobjektes, einer Ware, erschöpfen. Die Verwendbarkeit eines Kaufobjektes, sein Nutzen für den Kunden, ist mit vielen weiteren Erwartungen verbunden: Das jeweilige Produkt sollte in einem sehr subjektiven, vom Käufer (!) bestimmten Sinn eine hohe Funktionalität aufweisen und einen weit reichenden Leistungsumfang garantieren. Darüber hinaus gibt es Erwartungen hinsichtlich des Designs, die sogar so weit gehen können, dass das Produkt einen bestimmten Stil repräsentiert oder ihm entspricht. Erwartungen hinsichtlich einer passenden Verpackung kommen dann ebenso hinzu wie der immer mehr Verbreitung findende Wunsch, dass das Produkt ein bestimmtes Image habe oder sogar eine Marke darstelle.

Produkte – wie auch ihr Erwerb – haben häufig eine emotionale Bedeutung, sie stiften Verbundenheit mit anderen oder bewirken Exklusivität: Man ist durch den Erwerb etwas Besonderes. Die Erwartungen sind auch nach dem Erwerb des Produktes nicht komplett erfüllt. Nach diesem stehen Erwartungen hinsichtlich eines guten Services im Raum.

Zusammenfassend lässt sich also sagen, dass je nach Wunsch/Erwartung jener Kundengruppe, die ein Unternehmen zu seiner Zielgruppe bestimmt hat, das jeweilige Produkt die gewünschten Eigenschaften aufweisen muss.

> ***Produktpolitik ist somit eine aktive Produktgestaltung im Hinblick auf die vielschichtigen Erwartungen der Kunden.***

Anders ausgedrückt: Marketing macht aus einem Verkaufsobjekt erst ein Produkt. Nur als solches ist es verkaufbar, nicht als bloße Ware, die technische Eigenschaften aufweist.

6.4.5.2 Preis-/Kontrahierungspolitik

Im Hinblick auf die Erfüllung ihrer Erwartungen sind die Kunden bereit, Preise zu bezahlen. Kunden führen – wie bewusst auch immer – eine Abwägung durch: Wie viel ist mir die Erfüllung meiner Erwartungen, mein Nutzen, wert?

Aus Marketingsicht ist der Preis, den ein Unternehmen verlangen kann, ein Ergebnis dieser Abwägung. Die Problemstellung für das Unternehmen lautet somit in erster Linie: Welchen Preis sind die Kunden für die Erfüllung ihrer Erwartungen bereit zu zahlen? Bei welchem Preis schlägt die Nutzen-Kosten-Abwägung in den Verzicht auf den Nutzen um? Erst an zweiter Stelle steht die Preiskalkulation, wie sie in Kapitel 8.3.4.5 vorgestellt wird (und die dennoch unverzichtbar ist).

Die Aufgabe der Preispolitik besteht also darin, die Bedingungen festzulegen, zu denen die Kunden die Produkte kaufen können.

Statt „kaufen können" hätte die Formulierung auch „kaufen werden" lauten können. Es liegt ein Käufermarkt vor, d.h., die Kunden entscheiden, wo, wie und zu welchen Konditionen sie kaufen. Die Preispolitik blickt dabei ganz gezielt auf die Nutzen-Kosten-Abwägung des Kunden und legt häufig einen Basispreis fest, der bis an die Grenze des Umkippens dieser Abwägung geht.

Dieser Preis wird anschließend durch weitere Bezugsfaktoren ergänzt: Welche Rabatte werden – in welcher Form – gewährt? Welche Beigaben (Incentives) werden gewährt? Welche Zahlungs- und Kreditbedingungen werden den Kunden eingeräumt?

6.4.5.3 Distributionspolitik

Daneben stehen im Bereich der Distributionspolitik Überlegungen an, wie die Distanz zwischen dem Produkt in dem herstellenden Unternehmen und dem Kunden „vor Ort" überbrückt werden kann. Angesprochen sind damit keine Fragen, die ausschließlich den Transport betreffen. Die entscheidende Verbindung zwischen dem Produkt, das ein Unternehmen herstellt, und dem Produkt, das Kunden kaufen, sind – siehe oben – die Erwartungen, die diese mit ihm verknüpfen. Diese Erwartungen haben auch Auswirkungen auf die direkte Kaufaktion.

Distributionspolitik legt fest, auf welchen Vertriebswegen die Produkte die Kunden erreichen.

Die entscheidenden Fragen lauten demnach: Wie und wo – in welcher Umgebung und Atmosphäre – werden die Kunden die Produkte kaufen? Welche Vertriebskanäle sollten vom Unternehmen genutzt werden? Welche Standorte (Verkaufsorte) stellen die bestmögliche Brücke zum Kunden dar?

6.4.5.4 Kommunikationspolitik

Kunden haben Erwartungen, mitunter tief schlummernde, die sie mit dem Kauf von Produkten zu befriedigen gedenken. Produkte sprechen aber nicht. Vor allem dann nicht, wenn sie sich – verpackt – im Auslieferungslager eines Unternehmens befinden. Deshalb muss das Unternehmen eine gut funktionierende Kommunikation (= Verständigung) mit den Kunden aufbauen.

> *Kommunikationspolitik ist die Verständigung zwischen Unternehmen und Kunden.*

Bei einer wohl durchdachten Kommunikationspolitik kommt es darauf an, Kunden nicht nur auf die Produkte aufmerksam zu machen. Vielmehr muss sie ihnen die deutliche Botschaft vermitteln, dass ausschließlich die Produkte dieses Unternehmens ihre vielfältigen Erwartungen erfüllen. Dies beinhaltet auch die Botschaft, dass die Kosten-Nutzen-Abwägung bei diesen Produkten am besten aufgeht.

Ebendiese Botschaften sind Kernaufgaben der Werbung. Im Bereich der Öffentlichkeitsarbeit (Public Relation) werden weitere Botschaften hinsichtlich der Solidität des Unternehmens vermittelt. Das Unternehmen soll bekannt sein und gut dastehen, ein positives Image haben, sodass Kunden ihm und seinen Produkten vertrauen. Hilfreich sind in diesem Zusammenhang ein kalkuliertes Sponsoring sowie eine gute Präsenz auf Messen.

Der schon angesprochene Käufermarkt hat ganz konkrete Auswirkungen: Die Kunden kommen nicht zu dem Unternehmen, das die Produkte herstellt, vielmehr muss das Unternehmen zum Kunden gehen; es muss da anwesend sein, wo diese sich aufhalten. Dies kann nicht nur durch Messeauftritte, sondern auch durch vielfältige Events, durch persönlichen Verkauf, durch Verkaufsförderungsmaßnahmen und durch die Präsenz im Internet geschehen. Ganz gleich, welches Mittel auch ergriffen wird, Maßgabe ist dabei immer, dass es zu den betreffenden Kunden und zum Produkt passen muss.

Gemessen an den zuvor genannten Politikfeldern ist die Kommunikationspolitik mit Sicherheit der umfassendste Mixbereich. Gleichwohl hat er eine „dienende“ Funktion und auch deutliche Grenzen: Erfüllt ein

Produkt die an es gerichteten Erwartungen nicht, dann kann auch eine gute Kommunikationspolitik nicht mit langfristigem Erfolg betonen, dass das Produkt sie dennoch erfüllt.

6.5 Abschließende Bemerkungen

Begonnen wurde dieses Kapitel mit der Bemerkung, dass wir als Verbraucher Marketing vom Ende der Wirkungskette wahrnehmen. Dieser Wahrnehmung entsprechend besteht Marketing dann vorrangig aus den vielen Werbeaktivitäten, den unterschiedlichen Arten der Verkaufsförderung und ggf. einigen Serviceaktivitäten. Es dürfte deutlich geworden sein, dass die Wirkungskette bis dahin sehr lang und auch nicht einfach ist.

Zumindest stellt die Betriebswirtschaftslehre viele Theorien (von denen hier nur ein kleiner Teil gezeigt wurde) und Instrumente bereit, damit eine Unternehmensleitung und das mit Marketing beauftragte Management ihr Unternehmen vom Absatz her denkt und auf den erfolgreichen Verkauf ausrichtet.

Die ausschlaggebende Grundhaltung für diese Art von Marketing besteht darin, dass sich Güter nicht von alleine verkaufen, sondern dass es überlegter Maßnahmen bedarf, um Güter nachhaltig zu verkaufen. Im Kern geht es um die einfache Frage: Was fragen Kunden in welcher Weise nach und wie kann ein Unternehmen ihnen das anbieten, was sie in einer bestimmten Weise nachfragen – und zwar so, dass dem Unternehmen ein Vorteil zukommt.

Durch die vielen Ausführungen sind Karl und sein Team wieder ins Nachdenken geraten. Sie enthalten vieles, das bei ihnen auf fruchtbaren Boden fällt. Daneben gibt es einiges, das ihnen klarmacht, dass sie ihre Marketingkonzeption noch nicht zu Ende gedacht haben. So sind sie unter anderem mit der Frage beschäftigt, welche Folge es hat, dass sie nicht an Endkunden liefern, sondern dass Fachhändler ihre Kunden sind. In der Sprache der BWL haben sie eine B2B(Business to Business)- und keine B2C(Business to Customer)-Geschäftsbeziehung – und daraus erwachsen Folgen für das Marketing.

Was sind also die Erwartungen der Fachhändler? Wie wollen sie angesprochen werden? Wie kann die Flott'n Bike ihnen einen solchen Nutzen liefern, dass sie bevorzugt auf die Produkte der Flott'n Bike zurückgreifen? Welche Zahlungskonditionen können und sollten sie ihnen einräumen?

Nach einer anstrengenden Diskussion listen Karl und sein Team – ohne Anspruch auf Vollständigkeit – auf:
- *Die Räder entsprechen dem, was Fachhändler wünschen: hochwertig, nur mit besten und getesteten Komponenten, sicher, nicht reparaturanfällig, mit langer Gewährleistung.*
- *Die Händler kriegen alles an die Hand, um die Räder bequem verkaufen zu können: umfangreiches Werbematerial, Testberichte usw.*
- *Die Räder werden eine Marke: die Rennräder als Velocita uno, due, tre usw., die Mountainbikes Fasta a,b,c usw.*
- *Das Sortiment wird schon in nächster Zeit um leichte Crossbikes ergänzt.*
- *Die Flott'n Bike verkauft nur über die Fachhändler, eine eigene Distribution übers Internet findet nicht statt!*
- *Die Räder ermöglichen den Fachhändlern einen respektablen Handelsaufschlag. Rabatte werden gewährt, wenn diese eine bestimmte Menge abnehmen, wobei nach und nach geliefert werden kann. Für besonders erfolgreiche Händler winken Incentives: Nach Ende der Radsaison werden sie zu Outdoor-Activities nach Nordafrika eingeladen: Rennradfahren und Mountainbiking unter milden Witterungsverhältnissen und Präsentation der neuesten Flott'n-Bike-Modelle.*
- *Den Händlern wird ein umfassender Service angeboten: Ersatzteile werden in kürzester Frist geliefert, die Techniker der Fachhändler erhalten Schulungen in der Technikabteilung von Flott'n Bike.*
- *Etwaige Reklamationen werden kulant behandelt.*
- *Die Flott'n Bike wird auf allen maßgeblichen Messen präsent sein.*
- *Die Flott'n Bike betreibt Öffentlichkeitsarbeit, indem sie sich als soliden und fairen Hersteller von hochwertigen Rädern präsentiert, sowie ein Sponsoring, durch das sie Radsportvereine und Jugendsportmaßnahmen, auch im Bereich von Inlineskating etc. (alles, was rollt), unterstützt.*

Fragen zur Vertiefung und Festigung

1. Wie wird in dem Unternehmen, in dem Sie arbeiten, Marketing betrieben? Wer ist dafür zuständig?
2. Erklären Sie in Ihren eigenen Worten den Unterschied zwischen Käufer- und Verkäufermarkt!
3. Nennen Sie die Phasen des Produktlebenszyklus und geben Sie in Ihren Worten wieder, was dieses Modell aussagt!
4. Welche vier Felder hat die BCG-Matrix und was wird mit ihnen ausgedrückt?
5. Nennen Sie die vier „Instrumente" des Marketing-Mix!

7 Beschaffungs- und Logistikmanagement

Auch wir als Verbraucher organisieren unseren Einkauf, unsere Beschaffung. Im Laufe der Zeit hat es sich eingespielt, wo wir den größten Teil unserer Lebensmittel beschaffen, sei es der Vorratseinkauf, sei es der tägliche Bedarf. Bei teuren Anschaffungen überlegen wir, welchen Nutzen wir für unser Geld bekommen und entsprechend vergleichen wir die Angebote. Auch sind wir in einem begrenzten Rahmen logistisch orientiert: Wir sehen zu, dass wir den Einkauf mit möglichst wenig Fahrerei hinter uns bringen. Des Weiteren haben wir einen Vorratsschrank, wo wir einige Lebensmittel lagern. Und wenn wir einen Kaminofen haben, sehen wir zu, dass wir rechtzeitig genügend Brennholz beschaffen.

Allerdings kaufen wir auch Güter, bei deren Erwerb Selbstverwirklichung und sogar Lust (am Shoppen und an der entsprechenden Ware) eine Rolle spielen. Von außen betrachtet lässt sich behaupten:

Verbraucher sind zu einem Teil irrationale Einkäufer.

Ebendeswegen betreiben Unternehmen immer wieder Marktforschung, weil die Verbraucher in ihrem Einkaufsverhalten schwer durchschaubar und damit schwer zu erreichen und zu binden sind.

7.1 Beschaffung und Logistik als zentrale Unternehmensfunktionen

Diese Irrationalität unterscheidet Verbraucher von Unternehmen – und von den Ausführungen der BWL zum unternehmerischen Beschaffungs- und Logistikmanagement. Jede Beschaffung, die ein Unternehmen durchführt, unterliegt einem Zweckdiktat:

Ein Unternehmen kauft nur Leistungen, die einen Zweck erfüllen, und die Beschaffung selbst unterliegt einem klaren Zweck- und Wirtschaftlichkeitsgebot!

Ein Rückbezug zum Marketing macht dies unmittelbar einsichtig: Unternehmen können nur das erfolgreich absetzen, was die vielschichtigen Erwartungen der Kunden erfüllt. Dies bedeutet für Unternehmen, dass sie genau das als Fertigprodukt (oder als Rohstoff, der anschließend verarbeitet wird) beschaffen müssen, was diese Erwartungen auch erfüllen kann.

Und selbst wenn ein Unternehmen Möbel, Autos oder sogar Kunst erwirbt (und damit die eigentliche Zweckdienlichkeit überschreitet), unterliegt die Beschaffung einem Zweck: Die Kunstgegenstände sollen Ausdruck der Corporate Identity, der nach außen dargestellten Eigenart des Unternehmens und der spezifischen Unternehmenskultur sein. Häufig soll der Fuhrpark den Erfolg des Unternehmens darstellen (und zur Motivation der Mitarbeiter dienen).

Der Kern aller Ausführungen der BWL zum Beschaffungsmanagement zielt dementsprechend darauf ab, wie die Beschaffung diese Zweckerfüllung bestmöglich sicherstellen kann.

Beschaffung muss, so die klare Vorgabe der BWL, auf einer möglichst hohen Stufe von Rationalität (siehe auch Kap. 9.1), auf der Grundlage eines strengen Kosten- und Nutzen-Vergleichs geplant und durchgeführt werden (siehe auch Kap. 5.3).

Die Beschaffung eines Unternehmens ist somit mit hohen Anforderungen konfrontiert. Das Beschaffungsmanagement eines Unternehmens muss zum einen seinen maßgeblichen Beitrag dazu leisten, dass

- die richtigen Produkte
- in der richtigen Beschaffenheit und
- der richtigen Qualität (also exakt so, wie es die Kunden erwarten!)
- zum richtigen Preis (den der Kunde zu zahlen bereit ist und der dem Unternehmen den größtmöglichen Geldrückfluss sichert)

beschafft werden.

Hinzu kommt, dass die Erwartungen der Kunden in der Regel auch eine zeitliche Dimension haben: Wenn die Begehrlichkeit nach einem Produkt, nach einer Leistung da ist, dann will sie umgehend erfüllt sein. Auch diesem Erfordernis müssen Unternehmen entsprechen und das Produkt dann verfügbar haben, wenn es gewünscht wird. Dementsprechend müssen Unternehmen dafür sorgen, dass die Produkte zum richtigen Zeitpunkt am richtigen Ort vorhanden sind.

Das Beschaffungsmanagement trägt somit entscheidend zur Erfüllung der sechs Rs der Logistik bei! Es ist sogar Teil der Logistik und damit des Logistikmanagements.

7.2 Der Aufgabenumfang der Logistik: Vermeidung von allem Überflüssigen

Als Teilgebiet der Logistik kann sich das Beschaffungsmanagement nicht damit begnügen, die benötigten Produkte von den verschiedenen Lieferanten zu besorgen, sodass sie dem Unternehmen zur Verfügung stehen. Dies ist nur der erste Schritt eines Prozesses, der damit endet, dass die Produkte beim Kunden (und in dessen Eigentum) sind.

An dieser Stelle lohnt es, sich den Weg vom Lieferanten zum Kunden bildlich vorzustellen.

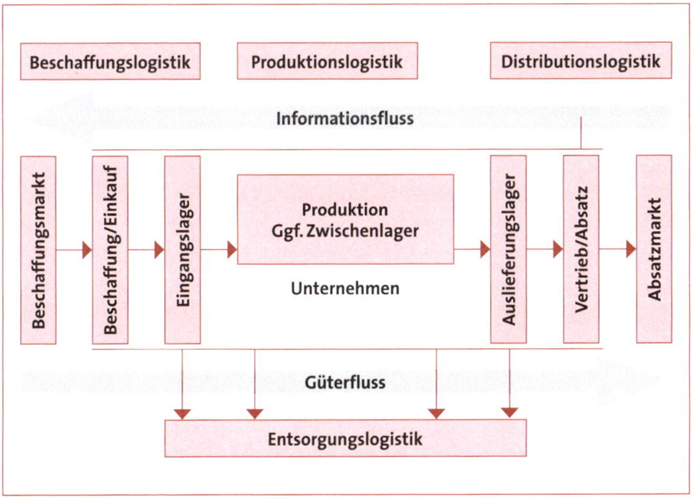

Abb. 14: Weg vom Lieferanten zum Kunden

Deutlich wird damit, welche Zwischenschritte und Verbindungselemente innerhalb dieses Prozesses vorhanden sind und was alles in die Zuständigkeit des Logistikmanagements fällt.

Der Auslöser erfolgt durch den Vertrieb als Verbindungsglied zum Absatzmarkt. Er liefert die notwendige Bedarfsmeldung zum Einkauf, dem Verbindungsglied zum Beschaffungsmarkt. Erst danach kann der Einkauf tätig werden und die benötigten Güter beschaffen. Auf dem Weg von den verschiedenen Lieferanten des Beschaffungsmarktes zum Unternehmen liegt ein Transport, der erste auf dem Weg zum Kunden, dem sich der betriebsinterne Transport wie auch der Transport zum Kunden anschließt.

Innerhalb des Unternehmens kommen die Güter in ein Eingangslager, von dem aus sie in die Produktion gelangen. Dort werden sie ggf. zwischengelagert, da die Produktion unter Umständen mehrere Stufen durchläuft. Nach der Fertigstellung erreichen sie das Auslieferungs-/Ausgangslager, um dann zu Kunden transportiert zu werden. Der Güterfluss erfolgt damit über mehrere Stationen und an allen Stationen werden die Güter „angefasst": Sie werden ausgepackt, kontrolliert, weitergeleitet, verarbeitet, wieder kontrolliert, verpackt, transportiert und an jeder Station mit der EDV erfasst.

Darüber hinaus fällt an jeder Station Abfall an: das Material, mit dem die Güter verpackt waren, überzähliges Material bei der abschließenden Verpackung bei Warenausgang und selbstredend in der Produktion.

All diese Zwischenschritte sind notwendig. Jeder Schritt birgt jedoch die Gefahr, dass an ihm eine Stockung oder eine Störung erfolgt. Jeder Zwischenschritt ist darüber hinaus mit Aufwand verbunden: Es sind Personen notwendig, die die verschiedenen Handlungsschritte vollziehen, es müssen Maschinen genutzt werden, mit denen die Handlungsschritte durchgeführt werden. Es sind Räumlichkeiten ebenso notwendig wie geeignete Transportmittel. Darüber hinaus muss der Abfall „behandelt" werden, d.h. entweder entsorgt oder für eine Verwertung aufbereitet werden. An allen Zwischenschritten fallen somit Kosten an.

Die oben angesprochenen Kosten-Nutzen-Abwägungen des Unternehmens beziehen sich dabei nicht nur auf den Preis der Güter, die beschafft werden. Der gesamte Prozess der Beschaffung unterliegt diesen Kosten-Nutzen-Überlegungen, an jedem Zwischenschritt gilt es, die Zwischenschritte auf ihre Notwendigkeit, auf ihre Zweckmäßigkeit für den Gesamtprozess und auf ihre Kosten zu überprüfen.

Ein bedarfsgerechter, reibungsloser und kostengünstiger Materialfluss stellt demzufolge die Aufgabe der Logistik dar.

Benannt ist damit ein sehr umfassender Aufgabenbereich, zumal wenn man den Weg vom Lieferanten zum Kunden als eine Einheit ansieht, für die die BWL mittlerweile den Ausdruck der Supply Chain (Lieferkette) verwendet. Logistik ist damit das Management eines unternehmensübergreifenden Materialflusses, der vom Lieferanten (ganz gleich, wo es sich befindet) bis zu den Kunden reicht (ganz gleich, wo diese sich befinden).

Das reibungslose Funktionieren fängt damit an, dass es einen aussagekräftigen und reibungslosen Informationsfluss gibt. Entsprechend wird die Logistik in verschiedene Teilbereiche unterteilt, die notwendigerweise ineinandergreifen:

- Informationslogistik als Management einer eindeutigen und schnellen Informationsübertragung innerhalb der Lieferkette.
- Beschaffungslogistik, die entweder als ein Teil des Beschaffungsmanagements aufgefasst wird oder die mit diesem gleichgesetzt wird. Ist sie nur Teil des Beschaffungsmanagements, dann besteht ihre Aufgabe darin, den Transport der Güter vom Lieferanten zum Unternehmen zu planen und laufend zu optimieren. Ist sie gleichbedeutend, so hat sie die nachfolgend beschriebenen Aufgaben des gesamten Beschaffungsprozesses.
- Produktionslogistik als Bindeglied zwischen Beschaffungs- und Distributionslogistik, die sämtliche Produktionsprozesse aufeinander abzustimmen und im Rückgriff auf die Beschaffungslogistik ihre Versorgung mit den benötigten Gütern sicherzustellen hat.
- Distributionslogistik, die in einem engen Verständnis die Aufgabe hat, die Distanz zwischen dem Unternehmen und den Kunden zu überbrücken. Mit anderen Worten: Ihre Aufgabe besteht darin, aus der Menge der im Lager des Unternehmens befindlichen Produkte die für die jeweiligen Kunden bestimmten Produkte zusammenzustellen, zu kommissionieren und zu ihnen zu transportieren. In einem weiteren Verständnis entspricht sie in etwa der Distributionspolitik des Marketing-Mix, indem sie zusätzlich für die Bestimmung der Absatzkanäle (Vertriebswege) zuständig ist.
- Entsorgungslogistik, deren Aufgabengebiet alle Maßnahmen zur Vorbereitung und Durchführung der Entsorgung aller Arten von

Abfällen umfasst. Die Entsorgung unterliegt dabei der (ziemlich) eindeutigen gesetzlichen Vorgabe, dass Abfälle in erster Linie zu vermeiden sind. Sofern dies nicht möglich ist, müssen sie wiederverwendet (oder zumindest hierfür vorbereitet) oder recycelt werden. Sofern in einem weiteren Schritt eine weitere, z.B. energetische Verwertung nicht möglich ist, müssen Abfälle umweltgerecht und – aus Unternehmenssicht: kostengünstig – beseitigt werden.

7.3 Das Ausbalancieren unterschiedlicher Zielsetzungen

Die schon angesprochenen Anforderungen an den Materialfluss, nämlich, dass er reibungslos und kostengünstig zu sein hat, benennen Gegensätze.

Die einfachste Art, einen reibungslosen Materialfluss zu den Kunden herzustellen, bestünde darin, stets über eine hinreichende Produktmenge (in der richtigen, im Augenblick nachgefragten Art) im eigenen Lager zu verfügen und zwar mit reichlichen Sicherheitsbeständen. In diesem Fall wäre der so genannte Lieferbereitschaftsgrad besonders hoch. Dies ist mit Sicherheit ein lohnenswertes Ziel von Unternehmen, vor allem wenn man bedenkt, dass nicht termingerechte Lieferungen unter Umständen mit Schadensersatz oder mit dem Verlust von Kunden verbunden sind (so genannte Fehlmengenkosten).

Dieser hohe Lieferbereitschaftsgrad ist auf der anderen Seite mit hohen Lagerkosten (siehe unten) und mit der Gefahr verbunden, dass die reichlich vorhandenen Lagerbestände infolge veränderter Kundenerwartungen nicht abgesetzt werden können. Zu den hohen Lagerkosten kämen also „Abschreibungen" hinzu: Produkte, die nicht verkauft werden können, müssen entsorgt werden. Ihr Wert wird abgeschrieben und als Verlust erfasst.

Im Gegensatz dazu wären die Kosten dann besonders günstig, wenn die Produkte (auf der Grundlage niedriger Beschaffungspreise) die Kunden zeitgenau und exakt in der benötigten Menge und ohne einen Umweg erreichen. Diese Art, die Kosten günstig zu gestalten, würde eine Verknappung der Menge und der Zeit bedeuten. Dies bringt geradezu unweigerlich die Gefahr mit, dass infolge einer zu knappen Menge oder infolge einer nicht vorhersehbaren Verzögerung die Produktion stockt oder die Kunden zu spät beliefert werden. Die Folge wären die schon angesprochenen Fehlmengenkosten.

Beschaffungs- und Logistikmanagement haben somit die Aufgabe diese gegensätzlichen Anforderungen auszubalancieren. Sie beschäftigen sich mit den Fragen: Mit welcher Menge muss ein Unternehmen sich bevorraten, sodass der reibungslose Materialfluss bis zum Kunden gesichert ist? Und: Wie knapp bemessen muss die Menge sein, damit keine überflüssigen Kosten entstehen?

7.4 Beschaffung als Teil strategischer Unternehmensführung

Auf eine Kurzformel gebracht, lässt sich behaupten, dass die Beschaffung das Gegenstück zum Absatz ist. Wenn Marketing sich dadurch auszeichnet, dass es die zukünftigen Marktentwicklungen in den Blick nimmt und das gesamte Unternehmen auf diese ausrichtet, dann muss die Beschaffung in ähnlicher Weise auf die zukünftigen Marktentwicklungen ausgerichtet sein.

Beschaffung kann also nicht nur darin bestehen, den kurzfristigen Bedarf des Unternehmens zu decken (auch wenn diese Aufgabe immer bestehen bleibt). Vielmehr muss im Rahmen einer strategischen Unternehmensführung auch der gesamte Prozess der Beschaffung strategisch geplant und organisiert werden.

Die Betriebswirtschaftslehre verweist in diesem Zusammenhang darauf, dass Unternehmen ein mittel- bis langfristig angelegtes Sourcing-Konzept entwickeln sollten. Für dieses müssen Entscheidungen getroffen werden hinsichtlich der Beschaffungsobjekte, des Beschaffungssubjektes, des Beschaffungsareals, der Beschaffungszeit und der Lieferanten.

Beschaffungsobjekt	Beschaffungssubjekt	Beschaffungsareal	Beschaffungszeit	Lieferant
Unit Sourcing: Beschaffung von Einzelteilen	Individual Sourcing: alleinige Beschaffung	Local Sourcing: Beschaffung nur in der Region	Stock Sourcing: Vorratshaltung	Sole Sourcing: Beschaffung bei einem einzigen Anbieter
Modular Sourcing: Beschaffung von Bauteilen	Cooperative Sourcing: gemeinsame Beschaffung mit anderen Unternehmen	Domestic Sourcing: Beschaffung nur im Inland	Demand-tailored Sourcing: Beschaffung im Bedarfsfall	Single Sourcing: freiwillige Beschaffung bei einem Anbieter
System Sourcing: Beschaffung von Fertigteilen		Global Sourcing: Beschaffung in der ganzen Welt	Just-in-time-Sourcing: Lieferung entlang des Verbrauchs	Dual Sourcing: Beschaffung bei zwei Lieferanten
				Multiple Sourcing: Beschaffung bei mehreren Lieferanten

Wichtig ist, dass innerhalb einer Beschaffungsstrategie all diese Aspekte bedacht und entsprechende Entscheidungen getroffen werden müssen.

Deutlich wird damit auch, dass Beschaffung immer eine strategische und operative Ebene hat. Auf der strategischen Ebene werden obige Entscheidungen getroffen, was auch beinhaltet, dass der Beschaffungsmarkt und die Beschaffungsgegenstände hinreichend bekannt sind. Auf dieser Ebene werden dann auch die grundsätzlichen Preisverhandlungen geführt und ggf. erste Rahmenverträge geschlossen. Auf der operativen Ebene werden die zeit- und mengengenauen Bestellungen durchgeführt und die Lieferung überwacht.

7.4.1 Beschaffungsmanagement als Beschaffungsmarketing

Da die Beschaffung das Gegenstück zum Absatz darstellt, ist es naheliegend, dass auch die Beschaffung Marketing betreibt. Das in Kapitel 6 dargestellte (Absatz-)Marketing konzentrierte sich zusammenfassend ausgedrückt darauf, auf der Grundlage einer möglichst umfassenden Kenntnis der Kundenerwartungen, des jeweiligen Marktes (mit den dort aktiven Konkurrenten), der klaren Kenntnis des eigenen Leistungsvermögens eine tragfähige und erfolgreiche Kundenbeziehung aufzubauen. Demzufolge besteht Beschaffungsmarketing darin, auf der Basis

- der sicheren Kenntnis der Lieferanten,
- des jeweiligen Beschaffungsmarktes (mit den dort auftretenden anderen Nachfragern, die eben Konkurrenten sind),
- der klaren Kenntnis des eigenen Bedarfs und
- des eigenen Leistungsvermögens (u.a. finanzielle Möglichkeiten)

eine tragfähige und erfolgreiche Lieferantenbeziehung aufzubauen.

Beschaffungsmarketing muss sich zu diesem Zweck hinreichend mit Informationen versorgen. Es muss sich damit auseinandersetzen:

- Welche und wie viele Lieferanten gibt es? Wie ausgeprägt ist der Wettbewerb zwischen ihnen?
- Wie groß ist ihre Verhandlungsstärke? (Was im Gegenzug heißt: Wie groß ist die Verhandlungsstärke des beschaffenden Unternehmens?)
- Wie ist die Preisentwicklung bei den Produkten?
- Gibt es Chancen (!) durch das Auftreten neuer Lieferanten?
- Gibt es Chancen (oder Bedrohungen) durch Ersatzprodukte?
- Wie ordnen die Lieferanten das beschaffende Unternehmen als ihren Kunden ein?
- Welche Stellung haben die Produkte, die das Unternehmen beschafft, in dem Produktportfolio des Lieferanten? Entsprechen Beschaffenheit und Qualität der Produkte genau dem eigenen Bedarf? Usw.

Wie beim Absatzmarketing münden die Antworten auf diese Fragen in ein Beschaffungskonzept. Und im Rückgriff auf eine deutliche Bestimmung zum ganzheitlichen Absatzmarketing lässt sich die Behauptung aufstellen: Unternehmen, die Beschaffungsmarketing betreiben, begnügen sich nicht damit, „auf Entwicklungen zu reagieren, also Daten zu registrieren, sondern streb(en) danach, selbst Daten zu setzen" („Marketing" bei Wikipedia, 25.03.13).

Solche Unternehmen betreiben eine aktive Marktbearbeitung und gewinnen dadurch an Verhandlungsstärke.

7.4.2 Bei wem soll eingekauft werden: Lieferantenmanagement

Auch eine durchdachte Beschaffungsstrategie muss umgesetzt werden. Es müssen z.B. entsprechende Lieferanten (seien sie local, domestic oder global) ausgesucht und Geschäftsbeziehungen aufgebaut werden. Da das Ziel des Beschaffungsmarketings im Aufbau tragfähiger und erfolgreicher Lieferantenbeziehungen besteht, sollte die Auswahl mit Sorgfalt (und auch Geschick) erfolgen. Angedeutet ist damit schon, dass der Preis nicht das alleinige Kriterium sein kann. Gleichwohl spielt er immer eine Rolle.

7.4.2.1 Lieferantenauswahl mittels Angebotsvergleich

Wenn Unternehmen beschaffen, versenden sie Anfragen an mehrere Lieferanten. Diese enthalten eine genaue Beschreibung der Produkte, die das Unternehmen erwerben möchte. Zu diesen Angaben gehören eine genaue technische Spezifikation sowie Angaben zu der gewünschten Menge, zum Liefertermin (oder Lieferterminen) und zum Lieferort.

In der Folge erhalten sie Angebote, die überprüft werden müssen. Diese Überprüfung erfolgt in formeller und materieller Hinsicht. Formell wird hierbei überprüft, ob die Angebote den Anfragen entsprechen, ob auf ihre Angaben hinreichend eingegangen wurde. Materiell werden sie im Hinblick auf den Bezugs- bzw. Einstandspreis untersucht. Nach einem bewährten Schema wird der Listenpreis mit den weiteren Bezugskonditionen verrechnet, sodass am Ende der genaue Einstandspreis pro Produkt vorliegt.

Auch die Flott'n Bike verwendet dieses Schema, u.a. als sie für einen größeren Auftrag – in einer ersten Lieferung – 100 Mountainbike-Rahmen benötigte. Nur drei Angebote hielten der formellen Prüfung stand und landeten auf dem Schreibtisch von Hans Lerntschnell, der für den Einkauf der Produktgruppe Mountainbike zuständig ist. Alle Angebote waren nicht direkt vergleichbar, da sie unterschiedliche Angaben enthielten.

- *Lieferant Moltostabile: Listenpreis 199 Euro pro Stück, Fracht 400 Euro, Versicherung 140 Euro, Verpackung 100 Euro, Rabatt 19 %, 2 % Skonto bei Zahlung innerhalb von 10 Tagen, Zahlungsziel 30 Tage.*
- *Lieferant Bienconstruction: Listenpreis 178 Euro pro Stück, Fracht 500 Euro, Versicherung 150 Euro, Verpackung 150 Euro, Rabatt 12 %, Zahlung: 14 Tage nach Lieferung, ohne Abzug.*
- *Lieferant Goodenough: Listenpreis 188 Euro pro Stück, Fracht 200 Euro, Verpackung 129 Euro, Rabatt 15 %, 3 % Skonto bei Zahlung innerhalb von 8 Tagen, Zahlungsziel 30 Tage.*

Also fertigte er eine Tabelle an, um die Angebote vergleichbar zu machen.

		Moltostabile		Bienconstruction		Goodenough	
	Listeneinkaufspreis	19.900,00 €		17.800,00 €		18.800,00 €	
–	Rabatte	3.781,00 €	19 %	2.136,00 €	12%	2.820,00 €	15 %
=	Zieleinkaufspreis	16.119,00 €		15.664,00 €		15.980,00 €	
–	Skonto	322,38 €	2 %	– €		479,40 €	3 %
=	Bareinkaufspreis	15.796,62 €		15.664,00 €		15.500,60 €	
+	Versicherung	140,00 €		150,00 €		– €	
+	Fracht	400,00 €		500,00 €		200,00 €	
+	Verpackung	100,00 €		150,00 €		129,00 €	
=	Einstandspreis	**16.436,62 €**		**16.464,00 €**		**15.829,60 €**	
	pro Stück	**164,37 €**		**164,64 €**		**158,30 €**	

Der Angebotsvergleich endet mit einem Ergebnis, das zunächst nicht ersichtlich war. Das Angebot mit dem mittleren Listeneinkaufspreis erweist sich am Ende als das günstigste. Der eingeräumte Rabatt wie auch das Skonto verbilligen es, sodass der Bareinkaufspreis schon geringer ist als bei den anderen Angeboten. Die geringeren Bezugskosten schaffen nochmals einen Vorteil, sodass letztlich der Rahmen des britischen Anbieters pro Stück um sechs Euro günstiger ist.

Auch wenn ein solcher Angebotsvergleich für die Beschaffungsentscheidung unverzichtbar ist, so kann er bestenfalls eine punktuelle Entscheidungshilfe sein. Keinesfalls gibt er genügend Anhaltspunkte für eine langfristige Lieferbeziehung.

7.4.2.2 Lieferantenauswahl mittels Nutzwertanalyse

Häufig wird ein Angebotsvergleich durch eine so genannte Nutzwertanalyse ergänzt. Die Nutzwertanalyse bezieht weitere Kriterien in die Beurteilung ein und „gewichtet" sie zudem. Solche Kriterien können die Qualität der Produkte, die (bisherige) Termintreue wie auch die bisher gemachten Erfahrungen bei der Reklamationsbearbeitung sein. Auch ist die Berücksichtigung der Frage, ob dieser Lieferant sich seinerseits für eine Kooperation interessiert, nicht uninteressant, genauso wie die Frage, ob dieser Lieferant weitere Produkte im Sortiment hat, die das beschaffende Unternehmen auch dort beziehen kann.

Je nach individueller Einschätzung durch das beschaffende Unternehmen werden diese Kriterien mit einem entsprechenden Faktor gewichtet. Dieser Faktor kann in Gestalt von Prozentsätzen oder Zahlen vergeben werden. Zusätzlich erhält jeder Lieferant hinsichtlich der Kriterien Punkte zwischen 1 bis 5 oder auch bis 10. Alle vergebenen Punkte werden mit dem Gewichtungsfaktor multipliziert und im weiteren Fortgang dann für die Anbieter Summen gebildet. Im Ergebnis erhält man ein eindeutigeres Bild als beim reinen Angebotsvergleich.

Hans Lerntschnell von der Flott'n Bike nutzt auch die Nutzwertanalyse. Die Kriterien sind bei den oben beurteilten Angeboten naheliegend: Preis, Qualität, Termintreue usw. Auch die Gewichtung fällt nicht schwer: Neben Qualität und Preis ist vor allem die Liefertreue wichtig. Nicht rechtzeitige Lieferung führt zu Verzögerungen im Produktionsprozess, die ihrerseits zu vermeidbaren Kosten führen.

Kriterium	Gewichtung	Moltostabile		Bienconstruction		Goodenough	
		Punkte	Summe	Punkte	Summe	Punkte	Summe
Preis	2	2	4	3	6	5	10
Qualität	2	3	6	5	10	4	8
Termintreue	4	2	8	5	20	3	12
Reklamationsbearbeitung	1	2	2	3	3	4	4
Kooperation	1	5	5	5	5	4	4
Ergebnis	**10**	**14**	**25**	**21**	**44**	**20**	**38**

Diese Auflistung legt im Vergleich zum reinen Angebotsvergleich eine andere Entscheidung nahe. Trotz der Tatsache, dass der französische Anbieter das teuerste Angebot unterbreitet, ist ihm nach der Nutzwertanalyse der Vorzug zu geben. Im Hinblick auf die Termintreue ist er deutlich besser als die anderen Anbieter. Wahrscheinlich sollte Karl nach Frankreich fahren. Dort sollte er mit dem Lieferanten nicht nur noch einmal über den Preis verhandeln, sondern er sollte die Flott'n Bike insgesamt noch einmal vorstellen und auf den Nutzen einer langfristigen Geschäftsbeziehung aufmerksam machen.

Ergänzend sei angemerkt, dass ein Lieferantenmanagement mit der Nutzwertanalyse nicht abgeschlossen sein kann. Auch sie ist eine Momentaufnahme. Notwendig ist also eine permanente Pflege der Daten und eine fortlaufende Analyse. Auch die Geschäftsbeziehung zum Lieferanten bedarf der Pflege: Das beschaffende Unternehmen ist gut beraten, seinen Bedarf und seine Notwendigkeiten (hinsichtlich Qualität, Liefertreue etc.) dem Lieferanten transparent zu machen, damit dieser sich darauf einstellen kann.

7.4.3 Was muss in welcher Menge wie eingekauft werden: Bedarfsermittlung

Ein Beschaffungsmanagement kann nicht nur darin bestehen, Lieferanten mit immer genaueren Analysen und Instrumenten auszuwählen und die Beziehung zu diesen zu pflegen. Zu diesem „Blick nach außen“ muss notwendigerweise der „Blick nach innen“ kommen. Dieser muss sich darauf konzentrieren:

- Was genau der Bedarf des Unternehmens ist,
- mit welchen Mengen dieser Bedarf einhergeht,
- wann dieser jeweils anfällt und
- wie die Beschaffung dieses Bedarfs durchgeführt wird.

7.4.3.1 Notwendige Klärungen: Was ist für die Ermittlung der Bedarfsmenge wichtig?

Um bei den Beschaffungsgütern für Übersichtlichkeit zu sorgen, bietet die BWL verschiedene Unterteilungen an. So schlägt sie vor, zwischen Primär-, Sekundär- und Tertiärbedarf zu unterscheiden:

- Der Primärbedarf bezieht sich in diesem Zusammenhang auf Fertigprodukte bzw. auf verkaufsfähige Bauteile, also auf jene Produkte, die nicht weiterverarbeitet werden müssen, um verkauft zu werden. Dies schließt auch Ersatzteile ein.
- Der Sekundärbedarf bezieht sich hingegen auf jene Teile, die für die Herstellung des Primärbedarfs benötigt werden und in diesen eingehen.
- Entsprechend bezeichnet der Tertiärbedarf all jene Dinge, die bei der Herstellung des Primär- bzw. über einen Zwischenschritt für den Sekundärbedarf ver- oder gebraucht werden.

In diesem Zusammenhang ist auch der Zusatzbedarf ins Auge zu fassen. Dieser stellt eine Sammelgröße für Verschleiß, Ausschuss oder Schwund dar. Im Laufe der Zeit verfügen viele Unternehmen über Erfahrungswerte, wie viel bei der Montage beschädigt oder zerstört wird oder wie viel aus irgendwelchen Gründen verschwindet. Meistens entwickeln Unternehmen prozentuale Zuschlagswerte, die sie zu ihrem konkreten Mengenbedarf hinzurechnen.

Eine weitere Unterscheidung muss zwischen Brutto- und Nettobedarf gemacht werden. Die BWL definiert in diesem Zusammenhang den

Bruttobedarf als die Zusammenfassung des Sekundär- und Tertiärbedarfs (zuzüglich des Zusatzbedarfs). Benannt ist damit die Menge, die ein Unternehmen für die Herstellung seines Primärbedarfs benötigt. Diese Menge ist damit noch nicht die Beschaffungsmenge. Die Beschaffungsmenge entspricht dem Nettobedarf, der eine Größe ist, die sich nach Zu- und Abrechnungen vom Bruttobedarf ergibt.

Aktuell steht Hans Lerntschnell vor der Aufgabe, für die Produktion von 550 speziellen Rennrädern den Nettobedarf für die verlangten Schalt-/Bremsgriffe zu ermitteln. Er greift somit zu dem bekannten Schema und gibt die ihm bekannten Werte ein. Benötigt werden als Primärbedarf 550 Räder, von denen keins auf Lager ist. Somit entspricht der Nettobedarf dem Bruttobedarf von 550 Stück.

Bedarfsermittlung bezogen auf die Endprodukte		
	Bruttoprimärbedarf (Fertigerzeugnisse)	550
–	Lagerbestand (Fertigerzeugnisse)	0
=	**Nettoprimärbedarf (Fertigerzeugnisse)**	**550**

Anschließend geht er dazu über, den Nettosekundärbedarf zu berechnen. Da jedes Rad zwei Schalt-/Bremsgriffe benötigt, ist die Menge des Sekundärbedarfs klar: 1.100 Stück. Er kalkuliert mit einem Zusatzbedarf infolge Ausschuss und Schwund von 2 %. Das Warenwirtschaftssystem zeigt ihm, dass 54 Stück noch auf Lager sind, wovon aber 22 für einen anderen Auftrag reserviert sind. Außerdem steht diese Komponente unter der Vorgabe, dass immer mindestens 30 Stück als Sicherheitsbestand im Lager sein müssen. Zusätzlich zeigt ihm das Programm, dass noch eine Bestellung von 120 Stück offen ist und morgen eintreffen wird. Mit all diesen Angaben ermittelt er nun den Nettosekundärbedarf, der sich im Ergebnis auf 1.000 Stück beläuft.

Bedarfsermittlung über Stücklistenauflösung		
	Sekundärbedarf (im Hinblick auf die Fertigerzeugnisse)	1.100
+	Zusatzbedarf (für Ausschuss, Schwund etc.) z.B. 2 %	22
=	Bruttosekundärbedarf	1.122
–	Lagerbestand (an Teilen des Sekundärbedarfs)	54
+	Reservierungen (von Einzelteilen für fest geplante Produktion)	22

+	Sicherheitsbestand (Mindestbestand, „eiserne Reserve")	30
–	Bestellrückstände (offene, noch nicht erhaltene Bestellungen)	120
–	Werkstattaufträge (bestehende Fertigungsaufträge)	0
=	**Nettosekundärbedarf**	**1.000**

Der Nettosekundärbedarf kann bei dieser Art der Ermittlung theoretisch betrachtet positiv und auch negativ sein. Ist er negativ, bedeutet dies, dass ein ausreichender Bestand vorhanden ist.

Wichtig: Nicht jedes Unternehmen arbeitet mit einem Sicherheitsbestand, sondern geht stattdessen im Rückgriff auf das Warenwirtschaftssystem davon aus, dass die Beschaffung so geplant werden kann, dass stets die jeweils benötigte Menge verfügbar ist.

7.4.3.2 Hilfreiche Klärung: Sind alle Beschaffungsgüter gleich wichtig?

Angesichts der großen Bedeutung, die der Beschaffung zukommt, muss diese auch entsprechend geplant und organisiert werden. Die Organisation kann dabei in einem ganz einfachen Sinn verstanden werden: Wie wird die Menge der unterschiedlichen Beschaffungsgüter zwischen den Einkäufern aufgeteilt? Die BWL bietet in diesem Zusammenhang vor allem zwei Aufteilungskriterien an. So kann eine Aufteilung erfolgen

- nach dem Objektprinzip sowie
- nach dem Funktionsprinzip.

Bei Berücksichtigung des Objektprinzips würde die Beschaffung nach den jeweiligen Produkten unter den Einkäufern aufgeteilt, bei dem Funktionsprinzip nach den Aufgaben (Marktforschung, Angebotsvergleich, Bestellungen usw.), die im Einkaufsprozess zu erledigen sind.

Eine solche Aufteilung ist sicherlich notwendig und auch hilfreich, dennoch geht sie davon aus, dass allen Beschaffungsgütern die gleiche Bedeutung zukommt. Hätten alle Beschaffungsgüter die gleiche Bedeutung, würde ein Unternehmen an der Last der Beschaffung schwer zu tragen haben. Unter rein praktischen wie auch wirtschaftlichen Gesichtspunkten spricht deshalb vieles dafür, die Beschaffungsgüter in Gruppen zu unterteilen.

Eine Art der Einteilung erfolgt mithilfe der so genannten ABC-Analyse. Mit ihr ist ein Analyseverfahren benannt, das nahezu universell einsetzbar ist. Immer wenn Unternehmen mit einer großen Menge (unterschiedlicher Absatzprodukte/Aufgaben/Kunden usw.) konfrontiert sind, neigen sie dazu, die gegebene Menge in Teilmengen zu unterteilen. Das im Hintergrund maßgebende Prinzip ist die von dem Volkswirt Pareto stammende 80/20-Regel. Ihre Kernaussage ist, dass mit 20 % einer Menge häufig 80 % der Wirkung erzielt werden. Bezogen auf den Beschaffungsprozess bedeutet diese Kernaussage, dass man davon ausgehen kann, dass ca. 20 % der Gütermenge rund 80 % des Beschaffungswertes ausmachen, was in der Umkehrung bedeutet, dass rund 80 % der Gütermenge nur ca. 20 % des Einkaufswertes ausmachen. Diesen kommt damit nicht die Bedeutung zu wie den erstgenannten, sie können deswegen auch anders beschafft werden.

Die 80/20-Regel aufgreifend unterteilt die ABC-Analyse die Beschaffungsgüter in drei Gruppen:

- Die Gruppe der A-Güter stellt nur einen geringen Teil der Menge dar, macht aber rund 80 % des Wertes aus,
- die Gruppe der B-Güter macht eine größere Menge aus, stellt aber nur 10–15 % des Wertes dar,
- die Gruppe der C-Güter hat nur einen Wert von ca. 5 % des gesamten Einkaufsvolumens und und stellen deshalb eine uninteressante Größe dar.

Wie viele Instrumente der BWL ist auch dieses Instrument in der Handhabung eher einfach.

Hans Lerntschnell ist von der Wirkungsweise der ABC-Analyse überzeugt. Es ist ihm deshalb ein Vergnügen, sie dem neuen Azubi zu erklären. Er greift zu einer Artikelliste, die er dem Warenwirtschaftssystem entnommen hat. Diese Liste enthält auszugsweise einige der Komponenten, die die Flott'n Bike für ihre Fahrräder benötigt. Auf dieser Liste sind diese Komponenten zunächst mit ihrem jeweiligen Einkaufswert sowie mit der

Menge verzeichnet, die die Flott'n Bike von ihnen im zurückliegenden Jahr beschafft hat.

In einem ersten Schritt wird aus dem Einzelpreis und der Menge der wertmäßige Jahresbedarf ermittelt. Entsprechend diesem Wert werden die Komponenten anschließend sortiert: Die Komponente mit dem höchsten Jahreswert erhält die Rangnummer 1, die mit dem nächsthöheren Wert die Rangnummer 2 usw. Im Ergebnis erhält man eine Liste mit folgendem Aussehen:

Material	E-Preis	Menge	wertmäßiger Jahresbedarf	Rang
Rahmen XY	412,00 €	9.100	3.749.200,00 €	1
Rahmen AZ	288,00 €	12.500	3.600.000,00 €	2
Schaltgruppe ZM	198,00 €	13.800	2.732.400,00 €	3
Rahmen AB	234,00 €	9.400	2.199.600,00 €	4
Schaltgruppe ZL	158,00 €	8.400	1.327.200,00 €	5
Schaltgruppe ZA	145,00 €	7.800	1.131.000,00 €	6
Tretlager M 9	61,00 €	15.700	957.700,00 €	7
Sattel D GI	29,00 €	18.400	533.600,00 €	8
Tretlager M 6	54,00 €	7.800	421.200,00 €	9
Tretlager M 3	51,00 €	6.500	331.500,00 €	10
Bremssystem Ma 33	25,00 €	12.400	310.000,00 €	11
Bremssystem Ma 55	31,00 €	9.200	285.200,00 €	12
Bremssystem Ma 11	21,00 €	8.400	176.400,00 €	13
Sattel D W	23,00 €	7.600	174.800,00 €	14
Sattel H GI	32,00 €	5.000	160.000,00 €	15
Summe		**152.000**	**18.089.800,00 €**	

Der beabsichtigten Aufteilung in drei Gruppen kommt man näher, indem in einem weiteren Schritt der Anteil des jeweiligen Jahreswertes an dem gesamten Jahreswert errechnet wird. Schon nach diesem Schritt wird deutlich, dass die ersten beiden Komponenten jeweils einen Anteil von rund 20 % am gesamten Beschaffungsvolumen haben.

Um in einem letzten Schritt zu ermitteln, welche Komponenten insgesamt ca. 80 % des Beschaffungswertes ausmachen, rechnet man die soeben errechneten Anteile schrittweise zusammen, man kumuliert diese

Zahlen, indem man zur Prozentangabe der Komponente mit der Rangfolge 2 den Wert der Komponente mit der Rangfolge 1 addiert bzw. zum Wert der Rangfolge 3 den Wert der Rangfolge 2 usw. Im Ergebnis wird in diesem Fall mit der sechsten Komponente ein Wert von kumulierten 81,5 % und mit der zehnten ein kumulierter Wert von fast 94 % erreicht. Die ersten sechs bilden demzufolge die Gruppe der A-Güter, die nachfolgenden vier die Gruppe der B-Güter, alle übrigen sind C-Güter. So ist es in der folgenden Tabelle vermerkt. Manchmal wird auch eine andere Einteilungsart bevorzugt. Diese Variante der ABC-Analyse betrachtet all jene Güter als A-Güter, die einen Anteil von mindestens 15 % haben. Zu den B-Gütern rechnet sie jene, deren Anteil zwischen 5 und 15 % liegen. Entsprechend nennt sie alle anderen Güter C-Güter.

Material	E-Preis	Menge	wertmäßiger Jahresbedarf	Rang	in %	in % kumuliert	
Rahmen XY	412,00 €	9.100	3.749.200,00 €	1	20,7 %	20,7 %	A-Güter
Rahmen AZ	288,00 €	12.500	3.600.000,00 €	2	19,9 %	40,6 %	
Schaltgruppe ZM	198,00 €	13.800	2.732.400,00 €	3	15,1 %	55,7 %	
Rahmen AB	234,00 €	9.400	2.199.600,00 €	4	12,2 %	67,9 %	
Schaltgruppe ZL	158,00 €	8.400	1.327.200,00 €	5	7,3 %	75,2 %	
Schaltgruppe ZA	145,00 €	7.800	1.131.000,00 €	6	6,3 %	81,5 %	
Tretlager M 9	61,00 €	15.700	957.700,00 €	7	5,3 %	86,8 %	B-Güter
Sattel D Gl	29,00 €	18.400	533.600,00 €	8	2,9 %	89,7 %	
Tretlager M 6	54,00 €	7.800	421.200,00 €	9	2,3 %	92,0 %	
Tretlager M 3	51,00 €	6.500	331.500,00 €	10	1,8 %	93,8 %	
Bremssystem Ma 33	25,00 €	12.400	310.000,00 €	11	1,7 %	95,5 %	C-Güter
Bremssystem Ma 55	31,00 €	9.200	285.200,00 €	12	1,6 %	97,1 %	
Bremssystem Ma 11	21,00 €	8.400	176.400,00 €	13	1,0 %	98,1 %	
Satell D W	23,00 €	7.600	174.800,00 €	14	1,0 %	99,1 %	
Sattel H Gl	32,00 €	5.000	160.000,00 €	15	0,9 %	100,0 %	
Summe		**152.000**	**18.089.800,00 €**				

Jeder Gruppe können Handlungsempfehlungen zugeordnet werden. Es ist offensichtlich, dass die Gruppe der C-Güter keine besondere Aufmerksamkeit erfordert. Sie stellen kaum Wert dar, sie können folglich eher unbedenklich beschafft und gelagert werden, zumal wenn man bedenkt, dass in diese Gruppe auch die vielen Hilfsstoffe wie Schrauben, Schmierfett usw. fallen. A-Güter haben demgegenüber eine ganz andere Bedeutung, sie nehmen fast schon einen strategischen Rang ein. Ihre Beschaffung sollte nach genauer Bedarfsermittlung und bei gewissenhafter Qualitätskontrolle erfolgen. Bestrebungen, für sie die Beschaffungspreise ggf. duch Lieferantenwechsel zu senken, ist eine Aufgabe der Unternehmensleitung. Ihr Zufluss in das Unternehmen sollte bedarfsgerecht erfolgen, auf keinen Fall sollten diese Komponenten im Lager bevorratet werden, da sie entsprechend viel Kapital binden (siehe unten). Bei diesen Komponenten stellt sich auch die Überlegung, ob man sie beschafft oder – mit Blick auf die Rahmen – selbst produziert.

7.4.4 Wie viel muss beschafft werden: Die Bedarfsermittlungsverfahren

Auch wenn die Einteilung der Beschaffungsgüter in Gruppen hilfreich ist, so ändert das nichts an der Aufgabe, dass für die Beschaffung die jeweiligen Mengen bestimmt werden müssen. In dem obigen Beispiel war diese Ermittlung sehr einfach: Zu jedem Rennrad gehören nun einmal zwei Schalt-/Bremsgriffe. Entsprechend den herzustellenden Rennrädern muss dann eben die entsprechende Menge an Griffen vorrätig sein. Befinden sich einige noch auf Lager, dann muss die Restmenge beschafft werden.

Was in diesem Beispiel so einleuchtend erscheint, stellt ein allgemeines Prinzip dar: Jedes Produkt, das in einem Unternehmen hergestellt wird, verfügt über eine so genannte Erzeugnisstruktur (Stückliste), in der genau festgelegt ist, aus welchen Einzelteilen dieses Produkt besteht. Ergänzend lässt sich eine Mengenübersichtsstückliste anfertigen, in der nicht nur die Einzelteile, sondern auch ihre Mengen aufgelistet sind. Da viele Einzelteile bei mehreren Produkten verarbeitet werden, werden parallel Teileverwendungsnachweise angefertigt, in der aufgelistet wird, in welchen Produkten ein bestimmtes Einzelteil (in welchen Mengen) verarbeitet wird. Der Rest ist Kombination und einfache Mathematik, die heutzutage in fast allen Unternehmen die EDV übernimmt.

Ausgehend von dem Primärbedarf, also der Menge aller Verkaufsprodukte, werden die Einzelteile in den Blick genommen. Bei diesen wird überprüft, in welchen Produkten sie insgesamt benötigt werden. Die Summe aller Produkte ergibt dann die Menge, die beschafft werden muss.

Dieses Verfahren bezeichnet die BWL als deterministisches Verfahren. Bei ihm wird die Bedarfsmenge (als Grundlage der Beschaffungsmenge) aus der Produktionsmenge über die Erzeugnisstruktur der jeweiligen Produkte entwickelt. Anders ausgedrückt: Die Erzeugnisstruktur bestimmt (determiniert) die Bedarfsmenge.

Die Betriebswirtschaft benennt darüber hinaus weitere Verfahren. So begnügen sich viele Unternehmen damit, ihren Bedarf zu schätzen. Haben die schätzenden Personen (Vertriebler oder Einkäufer) ausreichend Erfahrung sowie ein gewisses Gespür, dann sind ihre Schätzungen durchaus brauchbare Anhaltspunkte. Schätzverfahren werden heuristische Verfahren genannt. Sie existieren neben verschiedenen mathematischen Verfahren, die auch als stochastische Verfahren (Wahrscheinlichkeitsrechnung) bezeichnet werden. Sie umfassen vor allem die unterschiedlichen Arten der Mittel-(Durchschnitts-)Wertberechnung sowie die exponentielle Glättung.

Die Mittelwertberechnungen greifen immer auf konkrete Werte aus vergangenen Zeiträumen zurück. Im einfachsten Fall nehmen sie z.B. die monatlichen Verkaufszahlen (oder Beschaffungszahlen) des vergangenen Jahres und teilen ihre Summe durch die Anzahl der Monate (durch 12 also). Der so ermittelte Durchschnittswert stellt dann den Richtwert für das laufende Jahr da.

Diese Werte sind dann ungenau, wenn ein Unternehmen einen nicht kontinuierlichen Verkauf hat, sondern in manchen Monaten (einer Saison) deutlich mehr verkauft (und entsprechend deutlich mehr beschafft). In diesen Fällen bieten sich der gleitende oder auch der gewogen-gleitende Mittelwert an. Deren Besonderheit besteht darin, dass sie sich entweder auf die besonderen Monate konzentrieren oder diese Monate mit einem Faktor gewichten.

Die Verfahren der exponentiellen Glättung beziehen sich demgegenüber nicht allein auf tatsächliche Verkaufs- bzw. Beschaffungswerte, sondern auch auf die alte Vorhersage. Die neue Vorhersage ergibt sich dann als die Summe aus der alten Vorhersage und dem tatsächlichen Verbrauch, geglättet um einen Faktor zwischen 0,1 und 1. In Kurzform lässt sich die Behauptung aufstellen, dass es sich bei der neuen Vorhersage um die durch den tatsächlichen Verbrauch korrigierte alte Vorhersage handelt.

Auch wenn das Warenwirtschaftssystem exakte Anhaltspunkte für die Bestellmengen liefert und auch wenn die Vorhersagen aus dem Vertrieb in der Regel ziemlich genau sind, arbeitet Hans Lerntschnell bisweilen mit der exponentiellen Glättung. Hinsichtlich einer eher selten verbauten Schaltgruppe hatte im vergangenen Jahr der Vertrieb eine Prognose von 2.200 Stück gegeben. Tatsächlich wurden aber weniger Fahrräder verkauft, sodass nur 1.956 Schaltgruppen benötigt wurden. Dennoch geht der Vertrieb auch für dieses Jahr davon aus, dass sie mindestens 2.200 Stück benötigen. Hans versucht nun mit der Formel der exponentiellen Glättung

$$V_{neu} = V_{alt} + \alpha\,(T_i - V_{alt})$$

eine genauere Bedarfsermittlung durchzuführen. Er gibt also die ihm bekannten Werte ein und wählt als Glättungsfaktor zunächst 0,5. Er erhält folgende Rechnung:

$$V_{neu} = 2.200 + 0{,}5\,(1.956 - 2.200) = 2.078.$$

Demnach würde es bei Berücksichtigung des Zusatzbedarfs in Höhe von 2 % ausreichen, wenn er anstelle von 2.244 (2.200 plus 44 Zusatzbedarf) 2.120 Stück bestellen würde. Bei dem Einzelpreis dieser Komponente von 196 Euro würde es immerhin eine Ersparnis von rund 24.000 Euro bedeuten. Zur Probe führt er die Berechnung noch mit einem geringeren Glättungsfaktor durch und erhält als Ergebnis 2.150 bzw. 2.175 Stück. Er merkt sich also:

Je geringer der Glättungsfaktor, desto geringer die Korrektur der alten Vorhersage, und je höher der Glättungsfaktor, desto größer die Korrektur.

7.4.5 Wann sollte (wie viel) eingekauft werden?

Die möglichst exakte Ermittlung der Bedarfsmenge ist nachvollziehbar von großer Bedeutung. Die Bedarfsmenge steht in zweierlei Hinsicht in Gefahr, „falsch" zu sein und damit zu überflüssigen Kosten zu führen: Entweder sie ist zu niedrig oder zu hoch angesetzt.

Das Beschaffungsmanagement muss aus diesem Grund immer den Lagerbestand im Blick haben und die Beschaffung zeitlich so organisieren, dass ein so eben ausreichender Materialbestand vorhanden ist, ein überzähliger Materialbestand aber vermieden wird. Anders ausgedrückt: Ihr Ziel besteht darin, einen optimalen Lagerbestand zu gewährleisten.

Die Empfehlungen der Betriebswirte gehen deshalb dahin, nicht ein so genanntes Bestellrhythmusverfahren, sondern ein Bestellpunktverfahren zu praktizieren. Bei dem erstgenannten wird in festgelegten Abständen bestellt, sodass stets die hinreichende Menge vorhanden ist. Dies kann bei einem konstanten Verbrauch ein durchaus angemessenes Verfahren sein. Das andere Verfahren sieht Bestellungen zu unterschiedlichen Zeitpunkten vor, wobei sich die Zeitpunkte aus der Beachtung dreier Größen ergeben:

- Wie ist der aktuelle Lagerbestand?
- Mit welcher Geschwindigkeit wird dem Lager das jeweilige Material entnommen?
- Wie lange dauert der Beschaffungsvorgang bis zum Eintreffen des Materials im Lager?

Dies mag abstrakt klingen, die Durchführung ist wiederum vergleichsweise einfach. Ganz unabhängig davon, ob ein Mindestbestand (bisweilen auch Sicherheitsbestand genannt) für das jeweilige Teil festgelegt ist, wird ein so genannter Meldebestand festgelegt. Wenn dieser Bestand erreicht ist, ergeht eine Meldung an den Einkauf, dieses betreffende Produkt zu bestellen. Dieser Meldebestand ist von Produkt zu Produkt unterschiedlich; er ergibt sich daraus, wie viel von ihm täglich (im Durchschnitt) gebraucht wird und wie lange der Beschaffungsvorgang dauert.

In eine kurze Formel gebracht, kann der Meldebestand wie folgt definiert werden:

Meldebestand = (Tagesbedarf · Beschaffungszeit) + Mindestbestand

Wichtig ist in diesem Zusammenhang noch, dass Tagesbedarf und Beschaffungszeit veränderliche Größen sind, die immer wieder überprüft werden müssen. Wenn nur eine Größe sich ändert, ändert sich die Höhe des Meldebestandes.

7.4.6 Wie viel sollte bestellt werden: Die optimale Bestellmenge

Wenn somit klar ist, wann jeweils bestellt werden sollte, dann bleibt noch die Frage, wie viel bestellt werden sollte. Zur Verdeutlichung sei ausdrücklich darauf hingewiesen, dass die Bestellmenge nicht die Bedarfsmenge ist! Vielmehr wird die Bedarfsmenge in mehrere Bestellmengen unterteilt. Es geht somit um die Frage, in welchen Bestellmengen die Bedarfsmenge in optimaler Weise bestellt werden sollte.

Die (unter Kostengesichtspunkten) optimale Bestellmenge stellt sich in diesem Zusammenhang auch als Ausgleich zwischen zwei gegensätzlichen Kosten dar: den Lagerkosten einerseits sowie den Bestellkosten andererseits.

Die Kosten eines Bestellvorganges lassen sich zumeist einfach ermitteln: Es sind die (Personal-)Kosten, die jedem Bestellvorgang direkt zugeordnet werden können. Die Lagerkosten für jedes Beschaffungsgut können nur in einem aufwendigen Verfahren bestimmt werden (siehe Kap. 7.5). Sie werden ausgedrückt in dem so genannten Lagerhaltungskostensatz, dessen Berechnung weiter unten erfolgt. Seine Bezugsgröße ist der durchschnittliche Lagerbestand.

Es reicht an dieser Stelle zunächst aus, diesen als die Hälfte des Lagerbestandes zu nehmen, der mit einer Bestellung geschaffen wird. Werden z.B. Güter im Wert von 100.000 Euro bestellt, ist ihr durchschnittlicher Lagerbestand 50.000 Euro. Auf diesen Wert bezieht sich sodann der Lagerhaltungskostensatz. Beträgt dieser z.B. 10 %, dann haben die Lagerkosten eine Höhe von 5.000 Euro.

Beide Kosten verhalten sich gegensätzlich:

- Die Summe der Bestellkosten steigt mit jedem Bestellvorgang an; geht eine Bestellung mit 200 Euro einher, dann zwei Bestellungen mit 400 Euro usw.
- Die Lagerkosten nehmen mit der Verringerung der Bestellmenge ab: Werden aufgrund zweimaliger Bestellung Güter in der Größenordnung von 50.000 Euro bestellt, dann ist ihr durchschnittlicher Lagerbestand 25.000 Euro. Bei einem Lagerhaltungskostensatz von 10 % betragen demzufolge die Lagerkosten nur noch 2.500 Euro.

Daraus ergibt sich:

> ***Die optimale Bestellmenge liegt genau da, wo die Summe aus Lager- und Bestellkosten am geringsten ist.***

Dies lässt sich tabellarisch und mit einer mathematischen Formel ermitteln.

Hans Lerntschnell hat auch gelernt, wie er die optimale Bestellmenge errechnet. Zunächst greift er immer zu seinen Excel-Tabellen.

Bezogen auf die oben angesprochene Schaltgruppe und die ausgerechnete Bedarfsmenge führt er nun die Berechnung der optimalen Bestellmenge durch. Die notwendigen Eckwerte sind ihm bekannt: Es werden 2.150 Stück benötigt, der Einkaufspreis beträgt 196 Euro. Jede Bestellung geht mit einem Kostenaufwand von 250 Euro einher und der Lagerhaltungskostensatz beträgt 10 %. Diese Werte gibt er in die Tabelle ein und lässt sie rechnen:

Bestellhäufigkeit	Menge	Einkaufspreis	Wert	durchsch. Lagerbestand	Bestellkosten	LHKS	Lagerkosten	Gesamtkosten
1	2.150	196 €	421.400 €	210.700 €	250 €	10 %	21.070 €	21.320 €
2	1.075	196 €	210.700 €	105.350 €	500 €	10 %	10.535 €	11.035 €
3	717	196 €	140.467 €	70.233 €	750 €	10 %	7.023 €	7.773 €
4	538	196 €	105.350 €	52.675 €	1.000 €	10 %	5.268 €	6.268 €
5	430	196 €	84.280 €	42.140 €	1.250 €	10 %	4.214 €	5.464 €
6	358	196 €	70.233 €	35.117 €	1.500 €	10 %	3.512 €	5.012 €
7	307	196 €	60.200 €	30.100 €	1.750 €	10 %	3.010 €	4.760 €
8	269	196 €	52.675 €	26.338 €	2.000 €	10 %	2.634 €	4.634 €
9	**239**	**196 €**	**46.822 €**	**23.411 €**	**2.250 €**	**10 %**	**2.341 €**	**4.591 €**
10	215	196 €	42.140 €	21.070 €	2.500 €	10 %	2.107 €	4.607 €
11	195	196 €	38.309 €	19.155 €	2.750 €	10 %	1.915 €	4.665 €
12	179	196 €	35.117 €	17.558 €	3.000 €	10 %	1.756 €	4.756 €

Sie zeigt ihm als optimale Bestellmenge 239 Stück, da bei dieser Menge Lager- und Bestellkosten in der Summer eine Höhe von 4.591 Euro aufweisen. Im weiteren Ergebnis muss er diesen Artikel neunmal bestellen. Hans weiß, dass diese Orientierung ausreichend ist. Er weiß auch, dass die mathematische Formel, die Andler'sche Bestellformel, ein Stück genauer rechnet. Also benutzt er anschließend auch diese.

$$\text{Optimale Bestellmenge} = \sqrt{\frac{200 \cdot \text{Jahresbedarf} \cdot \text{Bestellkosten pro Bestellung}}{\text{Einzelpreis pro Stück} \cdot \text{Lagerhaltungskostensatz}}}$$

Er weiß zudem, dass er in diese Formel den Lagerhaltungskostensatz als Zahlenwert und nicht als Prozentzahl eingeben muss.

$$\text{Optimale Bestellmenge} = \sqrt{\frac{200 \cdot 2.150 \cdot 250\,€}{196\,€ \cdot 10}} = 234{,}19$$

Die optimale Bestellmenge liegt somit bei rund 235 Stück, was jedoch nichts daran ändert, dass er neunmal bestellen muss.

7.5 Die Lagerkosten im Blick und unter Kontrolle

Wie ersichtlich wurde, verwendet die Berechnung der optimalen Bestellmenge eine Größe, die nicht aus der Beschaffung kommt: den so genannten Lagerhaltungskostensatz, der in dem obigen Beispiel willkürlich mit 10 % festgelegt wurde. Inhaltlich bedeutet er, dass die (jährlichen) Kosten der Lagerhaltung (in diesem Fall) zehn Prozent des Wertes der gelagerten Güter betragen. Oder anders ausgedrückt: Werden Produkte mit einem bestimmten Wert gelagert, dann geht die Lagerung mit Kosten in der Größenordnung von 10% des eingelagerten Wertes einher. Was eben auch heißt, dass ein Unternehmen in seiner Kalkulation diese Kosten berücksichtigen sollte (vgl. Kap. 8.3.4, wo auch von einem Materialgemeinkostenzuschlag die Rede ist).

Im Unterschied zu der willkürlichen Festlegung in der obigen Beispielrechnung stellt der Lagerhaltungskostensatz in einem Unternehmen eine Größe dar, die fortlaufend ermittelt werden muss. In der Auffassung der BWL geschieht dies mit einer einfachen Formel LHS = LS + p (in %), wobei LS der so genannte Lagerkostensatz und p der Zinssatz (genauer der Lagerzinssatz) ist.

Dieser Formel zufolge ist er eine einfache Summe aus den prozentualen Lagerkosten und dem Lagerzinssatz, wobei die Bestimmung dieser beiden Größen noch offen ist. Im Rahmen des hier dargebotenen Überblicks reichen die Hinweise, dass der Lagerkostensatz das Verhältnis der Lagerkosten zum durchschnittlichen Lagerbestand ist, wobei Letzterer in der einfachen Form aus der Summe des Anfangs- und Endbestandes, geteilt durch 2, ermittelt wird.

In ihrem zweiten Geschäftsjahr hatte die Flott'n Bike Lagerkosten in Höhe von 80.000 Euro. Diesen stand ein durchschnittlicher Lagerbestand von 500.000 Euro gegenüber. Im Ergebnis hatte sie somit einen Lagerkostensatz von 16 % (80.000 / 500.000 · 100).

Zu diesem Zuschlagssatz müssen für Betriebswirte notwendigerweise Zinskosten hinzukommen. Denn wenn im Lager Produkte in der Höhe von 500.000 Euro vorhanden sind, dann ist dieser Betrag für die Dauer der Lagerung gebunden. Heißt: Für die Zeit der Lagerung, in der die Produkte darauf warten, verwertet, zu Geld gemacht, zu werden, kann mit dem Geld, das für die Beschaffung und/oder Produktion ausgegeben wurde, nichts anderes angeschafft werden. Von daher ist die Kenntnis der (durchschnittlichen) Lagerdauer wichtig. Diese wird als Ergebnis der Lagerumschlagshäufigkeit berechnet, wobei beide Werte „zwei Seiten einer Medaille" sind: Ist der Wert der Lagerumschlagshäufigkeit hoch (ist ein Produkt mehrmals in einem Jahr ein- und ausgelagert/ verkauft worden), dann ist die Lagerdauer kurz.

Ist die Lagerdauer bekannt, dann lässt sich der Lagerzinssatz berechnen, der im Kern aus dem marktüblichen Zinssatz für die Zeit der Lagerdauer besteht und mittels der nachfolgenden Formel berechnet wird.

$$\text{Lagerzinssatz} = \frac{\text{Zinssatz} \cdot \text{Lagerdauer (in Tagen)}}{360 \text{ Tage}}$$

Auch die Flott'n Bike arbeitet mit dem Lagerzinssatz. Für das o.a. Geschäftsjahr hatte sie eine durchschnittliche Lagerdauer von 90 Tagen ermittelt. Bei einem marktüblichen Zinssatz von 8 % (pro Jahr) ergibt sich ein Lagerzinssatz von 2 %.

$$\textit{Lagerzinssatz} = \frac{8 \cdot 90 \textit{ Tage}}{360 \textit{ Tage}} = \frac{720}{360} = 2\,\%$$

(Was anders ausgedrückt heißt, dass sie für einen Kredit mit der Laufzeit von 90 Tagen 2 % Zinsen bezahlen müsste.) In der Summe hat die Flott'n Bike somit einen Lagerhaltungskostensatz von 18 % (16 % + 2 %) – ein Wert, der Fritz Weißbescheid Kopfzerbrechen bereitet.

7.6 Abschließende Bemerkungen

Die obigen Ausführungen sollten nicht zu dem Eindruck führen, als sei Logistik vor allem die Ermittlung und Kontrolle von (Lager-)Kosten. Auch die Behauptung, dass es in der Logistik um die Beseitigung und Vermeidung von allem Überflüssigen geht, sollte nicht so verstanden werden, dass es nur um „überflüssige" Kosten geht, also um solche Kosten, die gesenkt werden können. Um sie geht es auch, aber die überflüssigen Kosten sind für Logistiker vorrangig ein Anzeichen und ein Startschuss.

Ein Anzeichen sind sie dafür, dass der Materialfluss (im weitesten Sinn) nicht reibungslos, nicht „schlank“ genug ist. Ein Startschuss sind sie dann in dem Sinn, dass ganz praktisch an ihm gearbeitet werden muss. Es geht damit auch um Fragen, wie der Transport hin zum Unternehmen, im Unternehmen selbst und vom Unternehmen zu den Kunden optimiert werden kann, wie Bedarfsanforderungen schneller erfolgen und wie die Lagerung so organisiert werden kann, dass sie im Ergebnis mit geringerem Aufwand verbunden ist.

Innerhalb der Logistik geht es damit immer auch um ganz praktische Handlungsschritte. Diese zu optimieren, sie rationeller zu machen, erfordert immer auch viele Detailkenntnisse aus den Bereichen Transport, Lagerung und Entsorgung – und ein beachtliches Maß an Kreativität, um neue Lösungen zu finden.

Deutlich wurde in diesem Kapitel wohl auch, was mit der Behauptung, dass Logistik eine Querschnittsaufgabe darstellt, gemeint ist. Der Materialfluss überschreitet die Grenzen der einzelnen Funktionsbereiche und Logistik muss somit mit allen Funktionsbereichen kooperieren, um diesen Materialfluss reibungsloser zu gestalten. So ist eben auch das Beschaffungsmanagement bei seiner Aufgabe, die optimale Bestellmenge zu ermitteln, darauf angewiesen, mit dem Lagermanagement zusammenzuarbeiten. Es benötigt dessen Daten über die Lagerhaltungskosten; ohne diese kann es die bestmögliche Bestellmenge nicht ausrechnen. Deutlich geworden ist wohl auch, dass die Logistik zwangsläufig auf Angaben des Rechnungswesens angewiesen ist.

Fragen zur Vertiefung und Festigung

1. Beschreiben Sie in Ihren eigenen Worten die Aufgaben der Logistik!
2. Nennen Sie mindestens drei Teilbereiche der Logistik und grenzen Sie diese voneinander ab!
3. Was bezeichnet man mit dem Begriff „Supply Chain“? Was ist demzufoge ein Supply-Chain-Management“?
4. Was verstehen Sie unter Beschaffungsmarketing?
5. Wie wird die optimale Bestellmenge ermittelt? Welche Größen werden zu ihrer Ermittlung benötigt?

8 Rechnungswesen

Das so genannte Rechnungswesen (mit all seinen Teilbereichen) ist wohl der Teil der Betriebswirtschaftslehre, der die meisten Lernenden in Verwirrung, bisweilen sogar zur Verzweiflung bringt. Dies hat mehrere Gründe:

- So bietet die Systematik, in der die meisten Darstellungen zum Rechnungswesen abgefasst sind, kaum Zugang zu den Zielen, die mit dem Rechnungswesen verfolgt werden.
- Auch verwenden fast alle Darstellungen (vielleicht notwendigerweise) eine sehr sperrige Begrifflichkeit und wirken von daher sehr abstrakt. Was verwunderlich ist, denn das Rechnungswesen beschäftigt sich mit sehr konkreten und klar bestimmten Sachverhalten.
- Die Schwierigkeiten beim Verständnis des Rechnungswesens mögen auch bei den Lernenden selbst liegen: Ohne die Bereitschaft, sich auf die Funktion und die Logik des Rechnungswesens einzulassen, fällt es in der Tat schwer, diese zu verstehen.

Um einen Einstieg ins Rechnungswesen zu gewinnen, sei noch einmal erwähnt, dass es in einem Unternehmen immer einen Güter- und einen Finanzstrom gibt: Jedes Unternehmen verkauft eine bestimmte Gütermenge und erzielt damit eine bestimmte Geldmenge.

Für die Bereitstellung dieser Gütermenge ist zudem eine bestimmte Geldmenge erforderlich. Geld fließt aus dem Unternehmen ab und dem Unternehmen zu, wobei es das grundlegende Interesse des Unternehmens ist, dass die zufließende Geldmenge die abfließende größtmöglich und schnellstmöglich übersteigt.

Auf einer sehr allgemeinen, aber eben nicht abstrakten Ebene betrachtet, ist es somit die Aufgabe des Rechnungswesens,

- diese Mengen zahlenmäßig zu erfassen,
- die so gewonnenen Daten aufzubereiten und zu verdichten und schließlich
- mit verschiedenen Verfahren im Hinblick auf anstehende unternehmerische Maßnahmen zu analysieren.

Rechnungswesen hat demnach immer etwas mit einem rein quantitativen Überblick über die monetären/geldbezogenen Unternehmensaktivitäten zu tun.

Ergänzend werden in Gestalt von verschiedenen Statistiken die mengenmäßigen Verhältnisse des Güterstromes miterfasst.

Für das weitere Verständnis des Rechnungswesens ist es wahrscheinlich sehr hilfreich, wenn man sich nicht so sehr auf den Nachvollzug der gebräuchlichen Systematik konzentriert, sondern wenn man sich die Funktionen und damit die Aufgabenbereiche des Rechnungswesens vergegenwärtigt und diese als „Film im Hintergrund" laufen lässt.

Hilfreich sind also die Fragen:

- Was soll mit der jeweiligen Berechnung erreicht werden?
- Was für ein (unternehmerisches) Interesse ist im Hintergrund bestimmend?
- Welches unternehmerische Problem gilt es zu lösen? Oder: Welche Hilfen sollen für seine Lösung gegeben werden? Und nicht zuletzt:
- Wie wird wozu (zu welchem Ziel, mit welcher Absicht), von wem in rein quantitativer Hinsicht auf das Unternehmen geschaut?

Vor allem die letzte Frage wird durch ihre Formulierung wohl merkwürdig, vielleicht sogar „gekünstelt", beim Leser ankommen. Und doch scheint sie notwendig zu sein, weil der Frageteil, der danach fragt, wer mit welcher Absicht auf das Unternehmen schaut, außerordentlich wichtig ist. Dieser Frageteil erklärt nämlich die grundlegende Unterscheidung in die beiden großen Teilbereiche des Rechnungswesens, die als externes bzw. internes Rechnungswesen bezeichnet werden.

8.1 Die Unterscheidung von externem und internem Rechnungswesen

Das Begriffspaar extern/intern ist dabei etwas unglücklich: Das externe Rechungswesen ist kein Rechnungswesen, das nur außerhalb erstellt oder nur nach außen gerichtet ist. Es mag Unternehmen geben, die ihr Rechnungswesen nahezu vollständig außerhalb, durch Steuerberater, erstellen und zu den extern Interessierten weiterleiten lassen.

Die Ergebnisse dieses Rechnungswesens bieten aber nicht nur Erkenntnisse für außen, sondern ebenso für das Unternehmen selbst, für innen also.

Vielleicht ist es hilfreich, sich an dieser Stelle zu merken, dass das externe Rechnungswesen eines ist, das hauptsächlich für außen, für Interessierte außerhalb (aber auch innerhalb, man denke an die Gesellschafter) des Unternehmens erstellt wird und für diese wichtige Informationen bereitstellt. Wie im folgenden Abschnitt deutlich wird, ist es hierbei in einem sehr weit gehenden Maße an Vorgaben gebunden.

Demgegenüber ist das interne Rechnungswesen hauptsächlich darauf gerichtet, quantitative Größen innerhalb des Unternehmens zu erfassen, aufzubereiten und nur solche Erkenntnisse über das eigene Unternehmen zu gewinnen,
- die eben nicht für externe Kräfte bestimmt sind, sondern
- die für die interne Planung wichtig und sogar notwendig sind.

Im Unterschied zum externen Rechnungswesen gelten hier keine Vorschriften, vielmehr sind die umfangreichen Aussagen der Betriebswirtschaftslehre Angebote an die Unternehmen, ihr Rechnungswesen in einer bestimmten Weise durchzuführen.

Zusammengefasst:
- Externes Rechnungswesen bedeutet vor allem Bilanz und GuV. Die Daten stammen aus der Finanzbuchhaltung.
- Internes Rechnungswesen, das sind Kosten- und Leistungsrechnung, Statistik, Planung. Die Daten für diese Rechnungen stammen aus eigenen Erhebungen, aber auch aus der Finanzbuchhaltung.

Die Finanzbuchhaltung stellt also die Grundlage des externen Rechnungswesens dar, sie stellt aber ebenso – je nach Unternehmen – auch Daten für die Kostenrechnung zur Verfügung, die jedoch durch eigene Daten (zumeist in Tabellenform) ergänzt werden (vergleiche hierzu Abschnitt 8.3.1).

8.2 Das externe, hauptsächlich für außen erstellte Rechnungswesen

8.2.1 Die Aufgaben des externen Rechnungswesens

Wenn innerhalb eines Wohngebietes ein beeindruckendes Haus gebaut oder aufwendig umgebaut wird und die Familie nach ihrem Einzug zudem noch zwei (oder mehrere) kostspielige Autos in der Einfahrt platziert, dann fragen sich häufig die Nachbarn, woher diese Familie das Geld hat und wie wohl ihre Einkommensverhältnisse sind. Da können dann viele Mutmaßungen aufkommen, aber es sind stets nur Fantasien. Gesichertes Wissen würde erst dann vorliegen, wenn man sich die Einkommens- und Vermögensverhältnisse anschauen würde, vielleicht sogar ergänzt durch eine Bestandsaufnahme der Ausgaben. Danach wüssten die interessierten Nachbarn, wie hoch die regelmäßigen Einnahmen sind, wie das Verhältnis von Einnahmen und Ausgaben ist, ob vielleicht ein Überschuss (in welcher Höhe) da ist, und sie wüssten, mit wie viel Eigen- bzw. Fremdkapital das Haus und die Autos erworben wurden.

Mit wenigen Kernaussagen, nämlich Wert des Hauses und des Inventars, Verhältnis von Eigen- und Fremdkapital und Höhe der Einkünfte, könnten sie sich ein genaues Bild verschaffen. Verfügten sie diese Kernaussagen ferner in einer zeitlichen Folge (Jahr 1, Jahr 2 usw.), dann könnten sie sogar Prognosen aufstellen: Bis wann das Haus bezahlt sein wird usw.

Ähnlich verhält es sich bei Unternehmen: Wenn diese über beeindruckende Geschäftsgebäude verfügen, die sogar aufwendig und mit modernem Mobiliar ausgestattet sind, und/oder wenn eine Reihe teurer Geschäftsfahrzeuge auf dem Parkplatz steht und die Unternehmensleitung darüber hinaus verkündet, dass es dem Unternehmen blendend gehe, dass die Ertragslage gut sei und beachtliche Gewinne eingefahren würden, dann mögen wir als Außenstehende das wohl glauben; es wäre aber immer nur ein gutwilliger Glaube. Jene, die in Beziehung oder in direkten Geschäftskontakten zu diesen Unternehmen stehen, sind skeptischer. Sie wollen gesichertes Wissen, ob es dem Unternehmen gut geht – ausgedrückt in nachvollziehbaren und belegbaren Zahlen. Zudem dargestellt in einer Form, durch die auf einen Blick und mit wenigen Analyseschritten klar wird, wie gut (oder wie schlecht) es dem Unternehmen geht.

Und es gibt einige, die Derartiges wissen möchten:

- Gesellschafter und Anteilseigner, deren Interesse dahin geht, über gesichertes Wissen zu verfügen, ob ihr Kapital (weiterhin) gut aufgehoben ist und ob es den erhofften (und vielleicht zugesicherten) Gewinn bringt.
- Finanzinstitute, die sichergehen wollen, ob ihr verliehenes Kapital zurückfließen wird und/oder ob sie diesem Unternehmen weiterhin Geld leihen können.
- Geschäftspartner, vor allem Lieferanten, mögliche Kooperationspartner, aber auch Auftraggeber, die wissen möchten, ob dieses Unternehmen seinen Zahlungsverpflichtungen nachkommen kann.
- Der Staat, vertreten durch die Finanzbehörde, der von dem Unternehmen Steuern erhebt und für die Ermittlung der Steuerlast eine abgesicherte Bemessungsgrundlage benötigt.

Bei solch massiven Interessen ist klar, dass ein vorrangig nach außen orientiertes Rechnungswesen nach einem allgemein gültigen Standard erfolgen muss.

8.2.2 Die Standards für das externe Rechnungswesen

Diese Standards werden vor allem durch eine Reihe von Wirtschaftsgesetzen geschaffen. In rund hundert Paragrafen legt das HGB fest, wie Unternehmen das externe Rechnungswesen durchführen müssen. Die Betonung liegt hierbei auf „müssen“: Eine Nichtbefolgung wäre eine strafbare Handlung und die Durchführung wird auf jeden Fall erzwungen werden.

Diese Vorschriften werden durch rechtsformspezifische Einzelgesetze (Aktiengesetz, GmbH-Gesetz) sowie durch das Publizitätsgesetz ergänzt.

Vorgaben gesetzlicher Art liefert des Weiteren die Abgabenordnung (AO) der Finanzverwaltungen, die die Buchführungspflicht in steuerlicher Hinsicht ergänzt. Zusätzlich sollten noch die International Financial Reporting Standards IFRS genannt werden, die Vorgaben für kapitalmarktorientierte Unternehmen liefern.

Eine weitere Ergänzung erfahren diese Standards durch die Grundsätze ordnungsgemäßer Buchführung (GoB). Diese Grundsätze sind allgemein anerkannte Regeln, nach denen das Rechnungswesen durchzuführen ist. Im Unterschied zu den oben erwähnten Vorgaben haben sie keinen direkten Gesetzescharakter, sind also nicht direkt „erzwingbar". Gleichwohl nimmt auch das HGB auf diese Grundsätze Bezug.

Die GoB ergänzen die rechtlichen Vorgaben in dem Sinne, dass sie Regeln aufstellen, die bei der Befolgung der gesetzlichen Vorgaben als Leitmaximen im Hintergrund stehen und damit die Art ihrer Befolgung näher bestimmen. Im Kern lassen sie sich auf wenige Aussagen reduzieren. Zu nennen sind hier zum einen vier Kerngrundsätze:

- Der Grundsatz der Wahrheit, der nicht nur das weiter unten erläuterte Belegprinzip enthält, sondern vor allem zum Inhalt hat, dass alles, was im Rechnungswesen erfasst wird, der Wahrheit entsprechen muss. In umgekehrter Perspektive bedeutet dies, dass diejenigen, die die Ergebnisse des Rechnungswesens zur Kenntnis nehmen, davon ausgehen können, dass diese Ergebnisse der Wahrheit entsprechen.

- Der Grundsatz der Klarheit, der auch die Adressaten des Rechnungswesens in den Blick nimmt und festlegt, dass das Rechnungswesen so klar sein muss, dass ein Außenstehender sich in angemessener Zeit einen (wahrheitsgetreuen) Überblick über das Unternehmen verschaffen kann.

- Der Grundsatz der Vorsicht, der noch in weitere Prinzipien unterteilt wird. Es dürfen nur tatsächliche, also schon realisierte Erträge und Vermögensbestände zu ihrem niedrigsten Wert ausgewiesen werden. Demgegenüber müssen mögliche, jedoch noch nicht eingetretene Verluste als bereits eingetreten ausgewiesen werden. Gewinne und Verluste unterliegen somit einer Ungleichbehandlung (was in der Sprache der BWL als Imparitätsprinzip bezeichnet wird). Dieser Grundsatz ist somit eine Ermahnung an die Adresse des Kaufmanns, seine Ertrags- und Vermögenslage in einer gesicherten realen Weise darzustellen und sich – nach außen – nicht reicher zu machen, als er ist.

- Der Grundsatz der Wirtschaftlichkeit und Wesentlichkeit, der versucht, zwei gegenteilige Prinzipien auszugleichen. Nach diesem Grundsatz müssen zwar grundsätzlich alle Geschäftsvorfälle erfasst und in der Bilanz verdichtet werden. Bei dieser Erfassung darf aber auch der Aufwand der Erfassung berücksichtigt werden. Wenn bei der Buchführung auf den Aufwand geachtet wird, wenn also nicht alles genau erfasst wird, so dürfen dennoch keine grundsätzlichen Informationsnachteile für die Adressaten der Rechnungslegung entstehen. Auch bei einer kostenbewussten Buchführung müssen die wesentlichen Informationen wahrheitsgetreu geliefert werden. Mit anderen Worten: Die Buchführung darf nur insoweit wirtschaftlich erfolgen, wie die wesentlichen Information nicht gefährdet werden.

Im Kern zielen also alle GoB auf einen umfassenden Gläubigerschutz, seien es Gesellschafter, Kapitalgeber oder Lieferanten.

Die weiteren Grundsätze der GoB, nämlich Handelsgebräuchlichkeit, Abfassung in einer lebenden Sprache, Kontenwahrheit sowie Belegprinzip klingen gemessen an den oben erläuterten Grundsätzen banal. Gleichwohl haben sie prägende Auswirkungen auf die Durchführung des Rechnungswesens.

Deutlich wird das an dem bereits oben angesprochenen Belegprinzip. Es schreibt vor, dass keine Buchung ohne Beleg erfolgen darf und dass jeder Beleg gebucht werden muss. Ausgeschlossen sind damit so genannte „Luftbuchungen", die sich manches Unternehmen gleichwohl in manchen Situationen wünschen dürfte (und gäbe es diese Wünsche nicht, dann gäbe es dieses Prinzip nicht!).

8.2.3 Die Grundlage: Die Finanzbuchhaltung

In der Einleitung zu diesem Kapitel wurde die Behauptung aufgestellt, dass die Aufgabe des Rechnungswesens darin besteht, die Geldströme in einem Unternehmen zahlenmäßig zu erfassen, zu dokumentieren und die gewonnenen Daten aufzubereiten. Anders ausgedrückt: Die

Finanzbuchhaltung als Grundlage des externen Rechnungswesens muss alle Geldab- und -zuflüsse, die so genannten Geschäfts(vor)fälle, erfassen und aufzeichnen.

Diese Aufgabe hat sie jedoch in einer besonderen Weise und zu einem bestimmten Zweck durchzuführen. Die Erfassung der Geschäftsvorfälle erfolgt

- vor dem Hintergrund einer Bestandsaufnahme des Unternehmensvermögens zu einem Stichtag (dem Beginn der Periode),
- um mit Blick auf einen anderen Stichtag (dem Ende der Periode) die Veränderung des Vermögens festzustellen.

Die Erfassung der Geschäftsvorfälle ist die Aufgabe, mit der die Finanzbuchhaltung laufend beschäftigt ist. Sie bucht: Sie sammelt die Belege und erfasst sie. Dieser Vorgang entspricht dabei dem, was auf unserem Girokonto passiert und was wir anschließend auf unseren Kontoauszügen sehen können. Auf ihnen sind die verschiedenen Geldzugänge und Abgänge aufgelistet, jeweils mit Angabe des Datums, der Höhe des Betrages und der Art des Abganges bzw. Zuganges (Abbuchung der Kfz-Versicherung, Überweisung des Gehaltes etc.). Der Kontoauszug endet mit einem Saldo, in dem Zugänge und Abgänge miteinander verrechnet werden.

In gleicher Weise werden in einem Unternehmen alle Geschäftsvorfälle in zeitlicher Folge getrennt nach Zugang und Abgang aufgezeichnet. Auch wenn dieses mittlerweile fast immer in elektronischer Form erfolgt, so spricht man doch noch immer davon, dass diese Aufzeichnung im so genannten „Journal", einem Nebenbuch der Fibu, erfolgt. Parallel erfolgt eine Erfassung im so genannten Hauptbuch, in dem die Geschäftsvorfälle im Hinblick auf ihre jeweilige Art erfasst werden: Einnahmen, Ausgaben für Steuern etc.

Für uns als Privatpersonen ist der Saldo aussagekräftig genug: Haben wir einen Monat mit einem positiven Saldo – erkennbar an dem „H" vor dem Saldo – abgeschlossen, dann freut uns das. Denn wahrscheinlich haben wir in dem auf dem Kontoauszug dokumentierten Zeitraum weniger ausgegeben, als wir eingenommen haben. In diesem Fall haben wir einen Gewinn erzielt. Entdecken wir auf dem Auszug einen negativen Saldo – erkennbar an dem „S" – haben wir mehr ausgegeben als eingenommen (oder als wir als Guthaben hatten), dann nehmen wir das entweder gelassen hin oder es beunruhigt uns. Auf jeden Fall haben wir den Zeitraum mit einem Verlust abgeschlossen. Insofern ist der Kontoauszug für uns ein Dokument, das uns zeigt, wie gut wir in einem Zeitraum (Periode) gewirtschaftet haben.

Das von außen auf die Konten schauende Geldinstitut kann ähnlich reagieren: gelassen oder beunruhigt. Ein negativer Saldo von 1.000 Euro in einem Monat wird das Institut bei einem Kontoinhaber, der im Leben Pech hatte und von öffentlicher Unterstützung in Form von ALG II lebt, durchaus beunruhigen: Das Geldinstitut wird sich sorgen, ob es diese 1.000 Euro zurückbekommen wird; anhand des Kontoauszuges sieht es kaum Möglichkeiten, an diesen Geldbetrag zu kommen. Bei einem Kontoinhaber, der über ein regelmäßiges Einkommen in mehrfacher Höhe des negativen Saldobetrages und ggf. darüber hinaus über Vermögenswerte, z.B. in Form einer Immobilie oder eines Aktiendepots, verfügt, wird es diesen Betrag gelassen hinnehmen: Irgendwie werden die geschuldeten 1.000 Euro schon zurückfließen.

Dieser Abstecher ins alltägliche Leben macht Verschiedenes deutlich: Buchführung, die in Form einer bloßen Aufzeichnung von Einnahmen und Ausgaben mit anschließender Bildung eines Saldos durchgeführt wird, gibt ein nur unzureichendes Bild von der wirtschaftlichen Situation. Sie liefert zwar Aufschluss über den Gewinn- und Verlust einer Periode und insofern stellt sie sogar eine einfache Einnahmen-Überschuss-Rechnung dar, die zum Beispiel für Freiberufler und Kleingewerbe (im Grundsatz) ausreichend ist. Es fehlt aber eine Bezugsgröße zur Beurteilung des Gewinns bzw. des Verlusts.

Es kann sogar die Notwendigkeit einer solchen Bezugsgröße benannt werden: Ist z.B. ein Verlust erzielt worden, dann stellt sich die Frage, ob Vermögenswerte vorhanden sind, mit denen dieser Verlust ausgeglichen werden kann. Ist hingegen ein Gewinn erzielt, dann stellt sich die Frage, um wie viel dieser Gewinn das vorhandene Vermögen erhöht.

Da Buchführung nach den GoB einen möglichst umfassenden Gläubigerschutz bewirken soll, wird an dieser Stelle deutlich, dass eine einfache Buchführung, die nur Einnahmen und Ausgaben erfasst und saldiert, für Unternehmen (und die Interessierten, die Gläubiger) nicht ausreichend ist. Das HGB legt dementsprechend eindeutig fest, dass jeder Kaufmann verpflichtet ist, seine Handelsgeschäfte aufzuzeichen und die Lage seines Vermögens nach den Grundsätzen ordnungsmäßiger Buchführung ersichtlich zu machen (§ 238 HGB). Diese Pflicht bezieht sich auf die Durchführung einer so genannten doppelten Buchführung, die vor allem die Erstellung einer Bilanz (als Teil des Jahresabschlusses) zur Aufgabe hat.

8.2.4 Die Bilanz

Die Vermögensverhältnisse eines Unternehmens werden mit der so genannten Bilanz dokumentiert. Es ist hilfreich, bei dem Wort Bilanz an ein ähnlich klingendes Wort, nämlich Balance (Gleichgewicht), zu denken und sich das Bild einer Waage vorzustellen: Die Werte, die auf der linken Seite stehen, müssen einen gleichen Wert auf der rechten Seite haben: Bei einer Bilanz ist die Waage grundsätzlich im Gleichgewicht.

8.2.4.1 Wesen und Aufbau der Bilanz

In Anbetracht der Aufgabe einer Bilanz, nämlich Interessierte über die Vermögenslage eines Unternehmens (verlässlich) zu informieren, muss sie nach einem vom HGB klar vorgegebenen Schema (siehe HGB § 266) aufgebaut sein. Zu diesen Vorgaben gehört, dass sie in Kontenform abgefasst sein muss und damit eine linke und eine rechte Seite hat. Auf der linken Seite, die mit dem sperrigen Begriff Aktiva überschrieben ist, müssen die Vermögenswerte erfasst werden, während auf der rechten Seite, die Passiva genannt wird, die so genannten Vermögensquellen erfasst werden.

Im Rückbezug auf das einleitende Beispiel bedeutet dies: Das Haus, das Mobiliar des Hauses, die Pkws und etwaige Sparguthaben werden auf der linken Seite der Bilanz erfasst und stellen die so genannten Aktiva dar. Das Geld, mit dem die Familie dieses Vermögen erwarb, ihr Eigenkapital und Fremdkapital, wird auf der rechten Seite dokumentiert und stellt die so genannten Passiva dar. Wenn die Summe des Vermögens, der Aktiva also, z.B. 500.000 Euro beträgt, dann muss die Summe der Passiva ebenfalls 500.000 Euro betragen. Hat die besagte Familie sich – aus welchen Quellen auch immer – fremdes Kapital in der Höhe von 400.000 Euro besorgt, dann ist klar, dass der Restbetrag von 100.000 Euro das Eigenkapital darstellt.

Nun ist obige Familie kein Unternehmen. Gleichwohl lässt sich die Vermögenssituation eines Unternehmens in gleicher Weise darstellen (und im Zeitvergleich deren Entwicklung beobachten). In einer verkürzten Form muss die Bilanz eines Unternehmens Angaben zu folgenden Positionen liefern und gegenüberstellen:

Bilanzschema kleiner Kapitalgesellschaften

Aktiva	Passiva
A. Anlagevermögen	A. Eigenkapital
I. Immaterielles Anlagevermögen	I. Gezeichnetes Eigenkapital
II. Sachanlagen	II. Kapitalrücklagen
III. Finanzanlagen	III. Gewinnrücklagen
	IV. Gewinn-/Verlustvortrag
	V. Jahresüberschuss/ Jahresfehlbetrag
B. Umlaufvermögen	
I. Vorräte	
II. Forderungen und sonstige Vermögensgegenstände	B. Rückstellungen
III. Wertpapiere	
IV. Flüssige Mittel	C. Verbindlichkeiten
C. Rechnungsabgrenzung	D. Rechnungsabgrenzung
Summe	Summe

Abb. 15: Bilanzschema kleiner Kapitalgesellschaften

An dieser Stelle reicht es aus, zunächst den Blick auf das Anlage- bzw. Umlaufvermögen zu lenken. Nach den Vorgaben des HGB besteht

- das Anlagevermögen aus den (Vermögens-)Gegenständen (Gebäude, Maschinen usw.), „die (dazu) bestimmt sind, dauernd dem Geschäftsbetrieb zu dienen" (HGB 247 Abs. 2). Demgegenüber besteht
- das Umlaufvermögen aus jenen Vermögensgegenständen, die im betrieblichen Leistungsprozess „umgesetzt" werden. Benannt sind damit jene Vermögensgegenstände, die für den betrieblichen Leistungsprozess eingekauft werden (Rohstoffe, fertige Produkte usw.), um anschließend verkauft zu werden (Lagerbestand an Fertigware) und zu entsprechenden Einnahmen führen (Forderungen gegenüber Kunden sowie Kassen- und Bankguthaben aus den laufenden

Geschäften). Der Bestand des Umlaufvermögens weist also Zu- und Abgänge auf, und ihre Menge ändert sich laufend.

Abgesehen von den Rechnungsabgrenzungsposten, die hier nicht interessieren, stellt der Wert des Anlage- und Umlaufvermögens die komplette linke Seite der Bilanz dar. Diese Seite besagt also, was ein Unternehmen für seine wirtschaftliche Tätigkeit besitzt.

Der Logik der Bilanz entsprechend soll die andere Seite darüber Aufschluss geben, mit welchem Kapital dieses Vermögen erworben wurde. Dieses kann letztlich nur eigenes bzw. fremdes Kapital sein, auch wenn letzteres in unterschiedlichen Formen (langfristiger Hypothekenkredit bzw. kurzfristige Kontoüberziehung) bestehen kann.

Besteht somit das Prinzip der Bilanz darin, vorhandenes Unternehmensvermögen mit seiner Finanzierung in Beziehung zu setzen, dann stellt sich mit Nachdruck die Frage nach der Erfassung und detaillierten Dokumentation von Vermögen und seiner Finanzquellen.

8.2.4.2 Inventar und Inventur

Die Betriebswirtschaftslehre wartet hier mit zwei Begriffen auf: Der Vorgang der Erfassung, der so genannten Bestandsaufnahme, wird als Inventur bezeichnet. In den meisten Unternehmen wird sie zwar mithilfe der EDV permanent durchgeführt (= permanente Inventur), dennoch bleibt die Aufgabe, an einem festgelegten Stichtag (zum Ende der Periode),

- durch eine körperliche Inventur in Form von Messen, Zählen, Wiegen der Lagerbestände,
- durch eine buchhalterische Berechnung des Wertes des Anlagevermögens,
- durch eine Auflistung aller noch nicht beglichenen Kundenrechnungen (den Forderungen gegenüber den Kunden),
- durch eine Erfassung der Kassenbestände und der Guthaben bei Geldinstituten

sämtliche Vermögensbestände zu erfassen und im Fortgang alle langfristigen und kurzfristigen Schulden aufzulisten.

Diese Bestandsaufnahme findet ihren Niederschlag in einem speziellen Verzeichnis, dem Inventar. Auch dieses ist in seiner Form vorgegeben:

Vermögen – nach steigender Liquidität sortiert:

- Anlagevermögen:
  - Bebaute Grundstücke
  - Unbebaute Grundstücke
  - Maschinen
  - Fuhrpark
  - Betriebs- und Geschäftsausstattung
- Umlaufvermögen:
  - Rohstoffe, Hilfsstoffe und Betriebsstoffe
  - Unfertige Erzeugnisse
  - Fertige Erzeugnisse
  - Forderungen
  - Bargeld (Kasse)
  - Bundesbank- und Postgiroguthaben
  - Guthaben bei Kreditinstituten

Schulden – nach abnehmender Fälligkeit sortiert:

- Langfristige Schulden:
  - Hypothekenschulden
  - Darlehensschulden
- Kurzfristige Schulden:
  - Verbindlichkeiten an Lieferanten
  - Wechselschulden

Das Vermögen abzüglich der Schulden ergibt dann das Reinvermögen (Eigenkapital).

Es handelt sich hierbei um ein Gliederungsschema. Je nach Größe eines Unternehmens werden bei den einzelnen Gliederungspunkten viele Positionen erfasst, sodass das Inventar bisweilen einen beachtlichen Umfang (und viele Anlagen) erhält. Vergleicht man das Gliederungsschema mit dem oben dargestellten Aufbau der Bilanz, dann wird deutlich, dass die Bilanz eine Verdichtung des Inventars darstellt – was in der Umkehrung heißt:

> *In der Bilanz wird nur das dargestellt, was zuvor im Inventar – nach der Inventur – erfasst wurde.*

Das Gliederungsschema folgt einer bestimmten Logik. Das Vermögen wird in der Rangfolge seiner Liquidierbarkeit sortiert: Unten steht das sofort flüssige, verfügbare Kapital, während oben jene Vermögensbestände erwähnt werden, die nur mit erheblicher zeitlicher Verzögerung in flüssiges Geld umzugestalten sind. Die Schulden (Verbindlichkeiten) – in der Bilanz unterhalb des Eigenkapitals stehend (!) – listen an letzter Stelle jene auf, die sofort fällig und damit sofort zu begleichen sind, während oben jene stehen, für die eine lange Rückzahlung vereinbart wurde.

Wichtig ist in diesem Zusammenhang noch der (notwendige) Hinweis, dass das Eigenkapital, das in der Bilanz auf der Passivseite an erster Stelle steht, eine Restgröße darstellt, die rechnerisch ermittelt wird. Sind bei der Inventur das Vermögen und die Schulden ermittelt worden, dann gilt: Eigenkapital ist die Differenz aus Vermögen und Schulden.

8.2.4.3 Eröffnungsbilanz, Jahresbilanz und die Folgen

Die Bestimmungen des HGB sind sehr eindeutig. Sie legen auch fest (vgl. § 242 HGB), dass ein Unternehmen zu Beginn seiner Geschäftstätigkeit eine so genannte Eröffnungsbilanz anzufertigen hat. Das heißt: Zu Beginn seiner Tätigkeit muss schon eine Inventur durchgeführt und ein Inventar erstellt werden, welches dann zu einer Bilanz verdichtet wird. Am Ende eines jeden Geschäftsjahres muss das Unternehmen dann wiederum eine Bilanz erstellen, die ihrerseits eine erneute Inventur und die Aufstellung eines neuen Inventars zur Voraussetzung hat. Die so erstellte Jahresbilanz ist dann die Eröffnungsbilanz für das darauf folgende Jahr. Jedes Geschäftsjahr ist somit von zwei Bilanzen „eingerahmt".

Deutlich wird damit auch, dass jeder Geschäftsvorfall die (jeweilige) Anfangsbilanz verändert.

- Werden z.B. einige der in der Bilanz aufgelisteten Forderungen von den Kunden beglichen, dann reduziert sich auf der Aktivseite der Wert dieser Bilanzposition und der Wert des Bankguthabens steigt, denn auf diesem ging der Rechnungsbetrag ein. Die Binnenaufteilung auf der Aktivseite verändert sich also.
- Erwirbt z.B. das Unternehmen eine neue Maschine, dann erhöht sich auf der Aktivseite das Anlagevermögen – mit der Folge, dass entweder ein geringerer Betrag als Bankguthaben (auch auf der Aktivseite) vorhanden ist oder – im Falle der Fremdfinanzierung – dass sich die Verbindlichkeiten auf der Passivseite erhöhen.

Dies lässt nun auch die Aufgabenbestimmung für die Finanzbuchhaltung klarer werden. Ihre Aufgabe besteht darin, alle Geschäftsvorfälle vor dem Hintergrund einer Bestandsaufnahme des Unternehmensvermögens zum Beginn der Periode zu erfassen, um mit Blick auf einen anderen Stichtag (dem Ende der Periode) die Veränderung des Vermögens festzustellen, d.h., eine neue Bilanz zu erstellen.

Die Erfassung der Geschäftsvorfälle erfolgt deshalb auf so genannten Konten. Wie diese Konten aus der Bilanz entwickelt wurden, ist an dieser Stelle nicht von Belang. Wichtig ist in diesem Zusammenhang nur: Wenn die Finanzbuchhaltung Geschäftsvorfälle erfasst, dann erfasst sie sie so, dass ihre Auswirkungen auf die Bilanz sichtbar werden. Anders ausgedrückt: Ihre Erfassung erfolgt im Hinblick auf die Auswirkungen auf die Vermögenssituation des Unternehmens.

Schon im ersten Geschäftsjahr erwarb die Flott'n Bike GmbH die in Kapitel 5 angesprochenen Maschinen in einem Gesamtwert von 280.000 Euro. Ferner erweiterte sie ihren Fuhrpark um ein weiteres Fahrzeug. Ihr Anlagevermögen in der Bilanz zum Ende des Geschäftsjahres vergrößerte sich damit (in einer vereinfachten Form: ohne Berücksichtigung der steuerlichen Abschreibung) um insgesamt 310.000. Dieser Erhöhung entspricht eine Erhöhung auf der Passivseite: Für die Anschaffung nahm die Flott'n Bike einen Kredit in Höhe von 50 % des Anschaffungswertes auf (mehr wollte das Geldinstitut auch nicht finanzieren). Ihre langfristigen Verbindlichkeiten erhöhten sich um 105.000 Euro. Der Rest wurde aus den laufenden Geschäftseinnahmen bezahlt. Die Auswirkungen auf die Bilanz können somit folgendermaßen dargestellt werden:

Aktiva			Passiva
A. Anlagevermögen II. Sachanlagen	+ 310.000 €	A. Eigenkapital I. Gezeichn. Kapital C. Verbindlichkeiten I. Langfristige Verbindlichkeiten	 + 105.000 € + 105.000 €
Summe	+ 310.000 €	Summe	+ 310.000 €

Abb. 16: Bilanz der Flott'n Bike GmbH

In ähnlicher Weise führen auch andere Geschäftsvorfälle zu einer Veränderung der Bilanz.

Möglich ist diese Art der Erfassung nur, weil es klar definierte Kontensysteme (Kontenrahmen) gibt, die auf die jeweiligen Bilanzpositionen abgestimmt sind. In einer sehr vereinfachten Form wird an dieser Stelle auch erkennbar, worin ein wesentlicher Grundsatz der schon angesprochenen doppelten Buchführung besteht: Ein Geschäftsvorfall wird immer auf zwei Konten gebucht.

Beispiel

Verkauft z.B. die Flott'n Bike eine Menge von zehn Fahrrädern an einen ihrer Fachhändler wird der Rechnungsbetrag auf das Konto Umsatzerlöse wie auch auf das Konto dieses Kunden gebucht. Dieses Konto zeigt die offene Forderung an diesen Kunden. Überweist der Kunde den Rechnungsbetrag, wird dieser Vorgang wiederum auf zwei Konten verbucht. Das Konto, das die Forderungen des Kunden auflistet, erfährt hierbei eine Gegenbuchung, sodass der Saldo nunmehr ausgeglichen ist.

An dieser Stelle lohnt es sich, zu der Ausgangssituation „Kontoauszug" zurückzukommen. Dort wurde dargelegt, dass zur genaueren Einschätzung des Saldos, der aus einem Verlust oder einem Gewinn bestehen kann, eine Bezugsgröße benötigt wird. Diese Bezugsgröße stellt die Bilanz dar, die – zusammenfassend ausgedrückt – darstellt, was ein Unternehmen besitzt und welches Eigen- bzw. Fremdkapital diesem Besitz gegenübersteht.

Bei der Bilanz ist die Ausgangsgröße aber verloren gegangen: Es fehlt eine Angabe zu dem erwirtschafteten Gewinn (bzw. Verlust) und wie sich dieser errechnet.

8.2.4.4 Das Ergebnis: Der Jahresabschluss, bestehend aus Bilanz und GuV

Diese Notwendigkeit aufgreifend, legt das HGB fest,

- dass ein Unternehmen „für den Schluss eines jeden Geschäftsjahrs eine Gegenüberstellung der Aufwendungen und Erträge des Geschäftsjahrs (Gewinn- und Verlustrechnung) aufzustellen (hat)" (HGB § 242 Abs. 2). Und

- dass „die Bilanz und die Gewinn- und Verlustrechnung (zusammen) den Jahresabschluss (bilden)“ (ebenda Abs. 3).

Auch für die Gewinn- und Verlustrechnung (GuV) wird ein eindeutiges Aufbauschema vorgeschrieben, das (entsprechend dem Gesamtkostenverfahren) in verkürzter Form, folgendermaßen aussieht (die fehlenden Punkte stellen hier vertretbare Auslassungen dar):

	1.	Umsatzerlöse
+	2.	Erhöhung oder Verminderung des Bestandes an fertigen und unfertigen Erzeugnissen
–	5.	Materialaufwand
–	6.	Personalaufwand
–	7.	Abschreibungen
–	8.	Sonstige betriebliche Aufwendungen
=	14.	Ergebnis der gewöhnlichen Geschäftstätigkeit
+	15.	Außerordentliche Erträge
+	16.	Außerordentliche Aufwendungen
=	17.	Außerordentliches Ergebnis
–	18.	Steuern vom Einkommen und vom Ertrag
=	20.	Jahresüberschuss/Jahresfehlbetrag

Die GuV gibt somit an, wie im laufenden Geschäftsjahr die Eigenkapitalveränderung zustande kam, indem sie gesondert den Jahresüberschuss ausweist. Anders ausgedrückt: Die Aufgabe der GuV besteht einzig darin, den Jahresüberschuss bzw. das Ergebnis der gewöhnlichen Geschäftstätigkeit auszuweisen.

Nur der Vollständigkeit halber sei an dieser Stelle noch erwähnt, dass nach den Vorgaben des HGB bestimmte Kapitalgesellschaften den Jahresabschluss um einen Anhang und einen Lagebericht zu ergänzen haben. Die Aufgabe des Anhangs besteht vor allem darin, die angewandten Bilanzierungs- und Bewertungsmethoden offenzulegen und bestimmte Verbindlichkeiten gesondert aufzuschlüsseln. In dem Lagebericht müssen neben den besonderen Geschäfts- und Rahmenbedingungen die Ertrags-, Finanz- und Vermögenslage, die zuvor in Zahlen ausgewiesen wurden, ergänzend erläutert werden.

8.2.4.5 Bilanzanalyse

Eine Bilanz gibt einen klaren Aufschluss über die Vermögens- und Finanzlage eines Unternehmens – ausgedrückt in absoluten Zahlen. Zusätzlich bieten diese Angaben die Möglichkeit, mit wenig Aufwand so genannte Kennziffern zu entwickeln, mit denen die Wirtschaftlichkeit und die Zahlungsfähigkeit beurteilt werden können.

Hinsichtlich der Wirtschaftlichkeit sind in diesem Zusammenhang die Eigenkapitalrentabilität sowie die Gesamtkapitalrentabilität zu nennen. Beide liefern Aufschluss darüber, in welchem Verhältnis das eingesetzte Kapital zum erzielten Gewinn steht. Vor allem Gesellschafter interessieren sich dafür, welchen Gewinn ihr Beteiligungskapital erzielte und wie dieses verzinst wurde.

Für die Zahlungsfähigkeit eines Unternehmens interessieren sich vor allem Kreditinstitute und andere Kreditoren (Lieferanten). Aufschluss bekommen sie hierüber z.B. anhand der Liquidität ersten Grades. Bei dieser werden die liquiden Mittel (Kassenbestände und Guthaben auf den Bankkonten zuzüglich der Wertpapiere des Umlaufvermögens) in Beziehung zu den kurzfristigen Verbindlichkeiten (= Verbindlichkeiten mit einer Fälligkeit innerhalb eines Jahres) gesetzt. Der so ermittelte Wert sollte größer oder gleich 0,2 sein.

Fragen zur Vertiefung und Festigung

1. Es heißt, dass das externe Rechnungswesen u.a. eine Dokumentations- und Rechenschaftsfunktion erfüllt. Was ist damit gemeint?
2. Wo sind die Vorgaben für das externe Rechnungswesen niedergelegt?
3. Nennen Sie einige wichtige „Grundsätze der ordnungsgemäßen Buchführung“! Welchen grundsätzlichen Zweck erfüllen diese Grundsätze?
4. Was sind die Aufgaben einer Bilanz?
5. Grenzen Sie Inventur und Inventar voneinander ab und stellen Sie den Zusammenhang zwischen beiden dar!

8.3 Das interne Rechnungswesen

Das externe Rechnungswesen sammelt Daten über die Geldflüsse in einem Unternehmen und verdichtet diese im Jahresabschluss, in Bilanz und GuV, und liefert damit Auskünfte über die Ertrags-, Finanz- und Vermögenslage. Es erfüllt damit eine Informations-, Dokumentations- und auch Rechtfertigungsfunktion. Diese Auskünfte können mit wenigen Schritten zu Kennziffern verarbeitet werden, sodass jeder, der es wissen will, in wenigen knappen Angaben weiß, wie es um das Unternehmen steht. Dementsprechend erfüllt es auch eine Kontrollfunktion.

Gleichwohl sind diese Auskünfte für eine Unternehmensleitung sehr begrenzt: Zwar ist es für sie durchaus wichtig, die Rentabilität und die Liquidität zu kennen, aber diese Kenntnis liefert keine Informationen, wo die Unternehmensleitung anpacken kann, wenn es um die Planung und Steuerung des Unternehmens geht.

Notwendig ist also ein (weiteres) Rechnungswesen, das jene Informationen bereitstellt, die für die Planung und Steuerung notwendig oder hilfreich sind. Ebendies ist die Aufgabe des internen Rechnungswesens, von dem bisher nur ausgeführt wurde, dass es

- eben nicht für einen externen Interessentenkreis bestimmt ist und
- auch nicht durch Vorgaben geregelt ist.

8.3.1 Die Organisation des internen Rechnungswesens

In den meisten Fällen fußt das interne Rechnungswesen auf dem externen Rechnungswesen, indem es auf die in den Konten gesammelten Daten zurückgreift. Häufig werden innerhalb des internen Rechnungswesens eigene Daten erhoben, zumindest aber die vorhandenen Daten in einer anderen Weise (Tabellen) aufbereitet.

Dies wird in den Unternehmen unterschiedlich gehandhabt. Da ein Unternehmen nicht umhinkann, die Finanzbuchhaltung durchzuführen, ergänzen einige Unternehmen diese durch spezielle Tabellen, die dann die Betriebsbuchhaltung darstellen. Diese Unternehmen haben in diesem Fall ein so genanntes Einkreissystem, in dem sie nur den Rechnungskreis I (Finanzbuchhaltung) durchführen und diesen ergänzen.

Möglich ist aber auch ein so genanntes Zweikreissystem, in dem für die Betriebsbuchhaltung ein eigener Rechnungskreis (Rechnungskreis II) aufgebaut wird. In diesem Fall werden sowohl einige Daten aus dem Rechnungskreis I übernommen wie auch an ihn zurückgegeben.

Finanz- und Betriebsbuchhaltung stellen jedoch in sich geschlossene Systeme mit einem jeweils eigenen Kontenkreis dar. Über eine eigene Abgrenzungsrechnung sind sie dann miteinander verbunden, was aber hier nicht weiter erläutert werden kann.

8.3.2 Die Aufgaben des internen Rechnungswesens

Die Besonderheiten des internen Rechnungswesens und seine Aufgaben werden von der BWL mit den verschiedenen Begriffen belegt. Sie sagt, in ihm gehe es um Kosten- und Leistungsrechnung sowie um folgende Schrittfolge:

1. Kostenartenrechnung: Welche Kosten sind angefallen?
2. Kostenstellenrechnung: Wo sind die Kosten angefallen?
3. Kostenträgerrechnung: Wofür sind sie angefallen?

Auch wenn die zuletzt genannten Begriffe mit kurzen Fragen erläutert werden, so sind doch viele Lernende verwirrt, weil durch den verwendeten Begriff „Rechnung“ das Nachdenken in eine bestimmte Richtung geht (Rechnen = Mathematik) und der Funktionszusammenhang nicht unmittelbar deutlich ist. Zum besseren Verständnis wird an dieser Stelle zunächst behauptet, dass die vorrangige Aufgabe des internen Rechnungswesens darin besteht,

- systematisiert alle Kosten (Kostenartenrechnung)
- verursachungsgerecht (Kostenstellenrechnung) zu erfassen (oder umzulegen), um auf der Grundlage ihrer Kenntnis
- das betriebliche Leistungsprogramm, die Produkte oder Dienstleistungen, zu bewerten (Kostenträgerrechnung), d.h., ihre Preise festzulegen.

Insofern ist der Begriff der Kosten- und Leistungsrechnung sehr präzise: Ich ermittle alle (betrieblichen) Kosten, damit ich meine Leistungen so berechnen kann, dass in ihren Preisen alle Kosten (neben meiner Gewinnerwartung) enthalten sind.

Kosten- (= Kostenermittlung) und Leistungsrechnung (= Leistungsbewertung) sind zwei Seiten einer Medaille.

Die eine Seite gibt es nicht ohne die andere Seite: Weil ein Unternehmen seine Leistungen bewerten will (oder auch muss), muss es die Kosten – so umfassend und so genau wie möglich – ermitteln. Dabei stellt die reine Erfassung (und Dokumentation) von Kosten durchaus eine nicht zu unterschätzende Hilfe dar. Sind sie für einen Zeitraum (Periode) bekannt und notiert, so können sie als Maßstab für andere Zeiträume herangezogen werden. Sie sind Orientierungspunkte: So viel wurde bisher ausgegeben, so viel darf gegenwärtig (und zukünftig) ausgegeben werden. Die Erfassung ermöglicht somit Kostenkontrolle und dient damit der Überprüfung wirtschaftlichen Handelns.

Hier soll mehr der Funktionszusammenhang von Kostenrechnung und Leistungsrechnung deutlich werden. Daher wird auf die übliche schrittweise Darlegung von Kostenarten-, Kostenstellen- und Kostenträgerrechnung weitestgehend verzichtet.

8.3.3 Notwendige Abgrenzungen

Das externe Rechnungswesen hat – wie oben dargelegt – eine klar definierte Funktion. Es macht Aussagen zum Unternehmensergebnis, gibt also an, wie groß – „unter'm Strich" – der Unternehmenserfolg ist. Diesen ermittelt es, vereinfacht ausgedrückt, dadurch, dass es von den erzielten Erträgen die Aufwendungen abzieht. Das interne Rechnungswesen hat eine ebenso klar definierte Funktion: Neben der oben dargelegten vorrangigen Aufgabe zielt es auf das Betriebsergebnis ab, das die Differenz von Leistung und Kosten darstellt.

Es gilt also:
- Externes Rewe: Ertrag – Aufwand = Unternehmensergebnis
- Internes Rewe: Leistung – Kosten = Betriebsergebnis

Hinter der geringfügigen Begriffsveränderung verbirgt sich eine andere Sichtweise. Die Sichtweise des internen Rechnungswesens konzentriert sich auf den betrieblichen Leistungsprozess, d.h. auf die Leistungen (Produkte) eines Unternehmens. Hier gilt:

- Externes Rewe: Erfassung des Ergebnisses aller unternehmerischen Aktivitäten und ihres Aufwands
- Internes Rewe: Erfassung des Ergebnisses des betrieblichen Leistungsprozesses und seiner Kosten

In den Blick genommen werden somit die Erträge, die direkt mit den Leistungen erzielt werden, sowie der Aufwand, der für diese Leistungen notwendig ist bzw. der aus kalkulatorischen Überlegungen mit den Preisen zurückfließen soll. Nur der Aufwand, der in direkter Beziehung zu den Leistungen steht, wird als Kosten angesehen. Anders ausgedrückt:

> *Das interne Rechnungswesen konzentriert sich auf den betrieblichen Leistungsprozess und nimmt hierbei nur die mit ihm direkt erzielten Erlöse und seine direkten Kosten in den Blick.*

Dies mag selbstverständlich klingen, führt jedoch zu etwas Verwirrung, wenn die BWL im Gefolge eine Begrifflichkeit präsentiert, in der neutraler Aufwand, Anders- und Zusatzkosten und sogar pagatorische Kosten benannt werden. Die Verwirrung bleibt auch häufig dann bestehen, wenn ergänzend zwischen ordentlichen und neutralen Erträgen unterschieden wird und letztere sogar noch unterteilt werden.

8.3.3.1 Neutraler und ordentlicher Ertrag

Die zuletzt genannte Unterscheidung zwischen ordentlichem und neutralem Ertrag erschließt sich jedoch sehr schnell, wenn man sich die spezifische Sichtweise der Betriebsbuchhaltung vergegenwärtigt: Ihr geht es um die Erträge, die direkt mit der Leistungserstellung erwirtschaftet werden; andere Erträge, die in einem Unternehmen erzielt werden, sind in dieser Sichtweise ohne Bedeutung – auch wenn sie teilweise nicht unerheblich zum Unternehmenserfolg beitragen.

Aus der Sicht der Betriebsbuchhaltung sind all jene Erlöse betriebsfremd, die nicht durch die Verwertung (Verkauf) der betrieblichen Leistungen erzielt werden.

Diese Erlöse dennoch zu berücksichtigen, würde ein falsches Bild vom betrieblichen Leistungsprozess ergeben: Das Ergebnis wäre größer, als der Leistungsprozess in Wirklichkeit ist, und würde zu einer ungenauen Bewertung der betrieblichen Leistungen führen.

Mit Blick auf eine Erfassung des „reinen“ betrieblichen Leistungsprozesses werden auch periodenfremde und außerordentliche Erträge ausgegrenzt. Die Rechnung sieht also folgendermaßen aus:

	Erträge	
–	betriebsfremde Erträge	neutraler Ertrag
–	periodenfremde Erträge	
–	außerordentliche Erträge	
=	ordentlicher Ertrag (Erlöse)	

Die Flott'n Bike befindet sich in ihrem fünften Geschäftsjahr. Die Entscheidungsträger haben viel Lehrgeld bezahlt, manche Misserfolge erlebt und aus ihnen gelernt, sehen sich aber auf einem guten Weg und fühlen sich zunehmend professioneller. Da sie einige Komponenten (A-Güter) in den USA beziehen und diese in US-Dollar bezahlen, hat die Flott'n Bike schon früh angefangen, am Kapitalmarkt Kompensationsgeschäfte zu betreiben. Sie kauft Währungen, um diese zu einem günstigen Zeitpunkt in US-Dollar einzutauschen. Einige Male haben sie ein tolles „Schnäppchen“ gemacht: Sie konnten ihre Eingangsrechnungen nicht nur mit billigen US-Dollar bezahlen, sondern konnten zudem einen Spekulationsertrag einstreichen. Dieser Ertrag ist aber betriebsfremd und stellt damit einen neutralen Ertrag dar, der sich nicht aus ihrem Kerngeschäft, der Herstellung und dem Verkauf ihrer Fahrräder ergibt.

Auch weitere Erträge sind – im Sinne der Betriebsbuchhaltung – neutral, obschon die Flott'n Bike sich sehr über ihren Eingang freute: Im vergangenen Jahr hatte ein wichtiger Kunde, ein großer Fachhändler, Insolvenz angemeldet. Die offenen Rechnungen hatte die Flott'n Bike zum Jahresende abgeschrieben; sie sah keine Chancen, aus der Insolvenzmasse bedient zu werden. Umso größer war die Überraschung, als im vergangenen Monat die Überweisung eines Teilbetrages erfolgte. Dieser Ertrag war insofern neutral, als er periodenfremd war, d.h. in einem Jahr erfolgte, in dem diesem Ertrag keine Leistung gegenüberstand. Neutral war auch der Ertrag, den die Flott'n Bike durch den Verkauf eines ihrer Lackierautomaten erzielte. Der Liquidationserlös dieses Automaten lag deutlich oberhalb des kalkulierten Wiederverkaufswertes (und des Buchwertes). Mit Blick auf den (ordentlichen) betrieblichen Leistungsprozess war dieser Ertrag außerordentlich, mit ihm konnte nicht gerechnet werden.

8.3.3.2 Neutraler und ordentlicher Aufwand

Beim Aufwand nimmt die BWL vergleichbare Unterscheidungen vor, um genau zu jenen Kosten zu kommen, die bei der betrieblichen Leistungserstellung anfallen bzw. (aus Opportunitätserwägungen – siehe weiter unten) zu berücksichtigen sind. Im Unterschied zur Unterscheidung bei den Erträgen handelt es sich hier nicht um ein alleiniges Ausschluss-/Ausgrenzungsverfahren, sondern auch um ein Hinzurechnungsverfahren, das schematisch wie folgt dargestellt werden kann.

	Aufwand	
–	betriebsfremder Aufwand	neutraler Aufwand
–	periodenfremder Aufwand	
–	außerordentlicher Aufwand	
+	kalkulatorische Zinsen	Anderskosten
+	kalkulatorische Miete	
+	kalkulatorische Wagnisse	
+	kalkulatorischer Unternehmerlohn	Zusatzkosten
+	kalkulatorische Eigenkapitalzinsen	
=	Kosten (ordentlicher Aufwand)	

Die Ausgliederung des betriebs- bzw. periodenfremden und auch des außerordentlichen Aufwands erfolgt nach der gleichen Logik wie bei den Erträgen – nur eben, dass sie die Finanzlage des Unternehmens belasten und das Vermögen schmälern, aber nichts mit dem betrieblichen Leistungsprozess zu tun haben.

Im zurückliegenden Jahr hatte die Flott'n Bike GmbH mehrere neutrale Aufwendungen. Vor drei Jahren hatte sie sich bei einem finanziell angeschlagenen, technisch aber gut aufgestellten französischen Kettenhersteller beteiligt und 30 % seines Geschäftskapitals erworben. Sie ließ dort auch ihr Know-how einfließen – in der Hoffnung, eine sichere Bezugsquelle für erstklassige Ketten zu einem Vorzugspreis zu bekommen. Leider funktionierte die Abstimmung über die weitere Geschäftspolitik nur unzureichend und auch die Finanzlage des französischen Unternehmens war schlechter als erwartet. In der Folge meldete das Unternehmen Insolvenz an. Das investierte Kapital musste die Flott'n Bike zu einem großen Teil abschreiben. Dies war ein neutraler Aufwand – ungeachtet der Summe, die verloren ging, und ungeachtet der großen strategischen Bedeutung, die diese Beteiligung für die Flott'n Bike hatte.

Neutral war auch ein anderer Aufwand für die Flott'n Bike. Lange Zeit stritten sie sich mit einem Kunden: Dieser hatte Regressansprüche an die Flott'n Bike gestellt, weil er der Auffassung war, dass einige Räder nicht die zugesicherten Eigenschaften besaßen und Mängel hatten, die die Flott'n Bike verschwiegen hätte. Dieser Kunde forderte die Rückzahlung eines Teilbetrages. Irgendwann einigten sich die streitenden Parteien und die Flott'n Bike überwies dem Kunden die Hälfte des geforderten Rückzahlungsbetrages. Es lag somit ein periodenfremder Aufwand vor, der nicht als Kostenposition des betrieblichen Leistungsprozesses angesehen werden kann.

Alle nicht neutralen Aufwendungen sind für die BWL so genannte Zweckaufwendungen für den betrieblichen Leistungsprozess. Für diesen sind sie notwendig, von ihm werden sie verursacht.

> *Alle nicht neutralen Aufwendungen sind Grundkosten und gehen in die Kostenrechnung ein – neben den kalkulatorischen Kosten.*

8.3.3.3 Kalkulatorische Kosten als Anders- und Zusatzkosten

Auf diese wurde – in Gestalt der kalkulatorischen Abschreibungen und der kalkulatorischen Zinsen – schon in Kapitel 5 bei der Investitionsrechnung eingegangen. Dort wurde auch schon erwähnt, dass sich die kalkulatorischen Abschreibungssätze zum Teil erheblich von den Vorgaben der Finanzbehörden unterscheiden können. Während sie in der Finanzbuchhaltung nur entsprechend den steuerrechtlichen Vorgaben berücksichtigt werden, kommt ihnen in der Betriebsbuchhaltung eine andere Funktion zu. Jedes Unternehmen geht mit Blick auf die technische Entwicklung und mit Blick auf die sich verändernden Kundenwünsche von einer Nutzungsdauer (der abzuschreibenden Anlagen) aus, die seiner Planung entspricht.

Die in der Betriebsbuchhaltung angesetzten Abschreibungswerte sind in der Folge anders (in der Regel: höher) als die der Finanzbuchhaltung. Dementsprechend werden sie wie die kalkulatorischen Zinsen, die kalkulatorische Miete bzw. die kalkulatorischen Wagniskosten als Anderskosten bezeichnet. Mit anderen Worten:

Anderskosten sind jene Kosten, die in der Betriebsbuchhaltung einen anderen Wert als in der Finanzbuchhaltung haben.

Deutlich wird dies noch einmal an den kalkulatorischen Wagniskosten. Gegen bestimmte Wagnisse, d.h. Risiken, wie Einbruch, Diebstahl, Vandalismus, Sturm, Hagel etc. kann ein Unternehmen entsprechende Versicherungen abschließen. Die Versicherungsprämien, die dann an den Versicherer zu zahlen sind, werden in der Finanzbuchhaltung ihrem Rechnungsbetrag entsprechend erfasst.

Bestimmte Wagnisse können jedoch nicht versichert werden, z.B. das Risiko des Absatzrückganges. Diese bleiben jedoch als Wagnisse bestehen. In der Logik der Finanzbuchhaltung ist der Gewinn die Ausgleichsmasse für diese Wagnisse. Die Betriebsbuchhaltung kalkuliert diese Wagnisse jedoch ein und setzt entsprechende Kosten an, die anders sind als die reinen Versicherungskosten.

Grundkosten und Teile (!) der Anderskosten sind so genannte pagatorische Kosten, da ihnen ein realer Geldabgang, eine Auszahlung, entspricht. Diese Kosten mussten bezahlt werden (pagare = zahlen). Die Teile der Anderskosten, die die in der Finanzbuchhaltung erfassten Beträge übersteigen, sind entsprechend keine pagatorischen Kosten.

Die so genannten Zusatzkosten sind auf jeden Fall keine pagatorischen Kosten. Sie unterscheiden sich dadurch von den Anderskosten, dass sie keine – auch nicht in einer anderen Höhe vorhandene – Entsprechung in der Finanzbuchhaltung haben. Zu den Zusatzkosten gehören:

- der kalkulatorische Unternehmerlohn, der bei Einzelunternehmungen und Personengesellschaften als Gegenwert zu den Geschäftsführer- bzw. Vorstandsgehältern eingeplant wird,
- und die kalkulatorischen Eigenkapitalzinsen, die in der Finanzbuchhaltung nicht erfasst werden.

Auf einer allgemeineren Ebene kann die Behauptung aufgestellt werden: Zusatzkosten fallen in einem Betrieb nicht real an, sondern stellen einen Gegenwert für die unternehmerische Tätigkeit und den unternehmerischen Kapitaleinsatz dar.

Häufig werden diese Zusatzkosten auch als Opportunitätskosten bezeichnet. Der Bedeutung des Wortes „opportun“ folgend bedeutet dieser Begriff, dass es angebracht bzw. angemessen ist, diese Kosten zu berücksichtigen – was letztlich eine Bewertungs- und keine wissenschaftliche Frage ist.

In schematischer Weise können die Präzisierungen zum Kostenbegriff wie folgt dargestellt werden:

<table>
<tr><td colspan="2">Anfall in der Finanzbuchhaltung</td><td colspan="3"></td></tr>
<tr><td colspan="2">Aufwendungen</td><td colspan="3"></td></tr>
<tr><td>Neutrale Aufwendungen</td><td>Zweckaufwendungen</td><td colspan="3"></td></tr>
<tr><td rowspan="6"></td><td rowspan="3">Grundkosten</td><td colspan="3">Kalkulatorische Kosten</td></tr>
<tr><td colspan="2">Anderskosten</td><td>Zusatzkosten</td></tr>
<tr><td>verrechnungsverschieden</td><td>wertverschieden</td><td></td></tr>
<tr><td colspan="2">Pagatorische Kosten</td><td></td><td></td></tr>
<tr><td colspan="4">Kosten</td></tr>
<tr><td colspan="4">Verrechnung in der Kostenrechnung</td></tr>
</table>

Abb. 17: Überblick über Aufwendungen und Kosten (Quelle: Langenbeck, Kosten- und Leistungsrechnung, Herne 2011, S. 35)

Die Flott'n Bike GmbH berücksichtigt in ihrer Betriebsbuchhaltung einige kalkulatorische Kosten. Kalkulatorische Abschreibungswerte zu berücksichtigen, ist ihr ebenso selbstverständlich wie die Einplanung kalkulatorischer Zinsen. Nach schlechten Erfahrungen geht sie nun auch von kalkulatorischen Wagniskosten aus. Nach einer internen Berechnung sollte sie davon ausgehen, dass bei 2 % der Verkäufe die Rechnungsbeträge nicht beglichen werden, weil Fachhändler Insolvenz anmelden oder schlicht in Zahlungsschwierigkeiten sind. Kalkulatorischen Unternehmerlohn braucht sie als Kapitalgesellschaft nicht zu berücksichtigen. Die Geschäftsführergehälter sind Teil der Gemeinkosten und werden entsprechend berücksichtigt. Von kalkulatorischen Eigenkapitalzinsen macht sie durchaus Gebrauch.

8.3.4 Vollkostenrechnung am Beispiel des Betriebsabrechnungsbogens BAB

Es wurde weiter oben die Behauptung aufgestellt, dass eine Hauptaufgabe des internen Rechnungswesens in der Bewertung der betrieblichen Leistungen besteht. Diese kann nur dann erfolgen, wenn die betrieblichen Kosten bekannt sind. Auch wenn durch die obigen Abgrenzungen zum Aufwands- bzw. Ertragsbegriff der Finanzbuchhaltung eine klare Vorstellung von den relevanten betrieblichen Kosten vorhanden ist und auch wenn diese sich möglicherweise in einem detaillierten Kostenplan zeigt, so ist die exakte Kostenermittlung eine schwierige Aufgabe.

Kosten fallen in einem Unternehmen in höchst unterschiedlicher Art an: Es werden Rohstoffe eingekauft und verbraucht; es werden Maschinen erworben und abgenutzt; es wird elektrische Energie für Büros und für die Produktion benötigt, es werden Löhne und Gehälter gezahlt – einschließlich des Geschäftsführergehaltes.

Ihre Erfassung unter dem alleinigen Gesichtspunkt „Welche Kosten gibt es – in welcher Höhe?“ kann noch vergleichsweise einfach sein. Für die pagatorischen Kosten liegen entsprechende Belege aus der Finanzbuchhaltung vor, die kalkulatorischen Kosten sind nach reiflicher Überlegung festgelegt und wahrscheinlich notiert worden. Schwierig wird diese Bestandsaufnahme, weil immer die weiteren Fragen nach dem „Wo fallen die Kosten an?“ und vor allem „Wofür fallen sie an?“ mitschwingen. Etwas überspitzt ausgedrückt kann behauptet werden: Die Bestandsaufnahme der Kosten erfolgt vorrangig, um die Frage nach dem „Wofür“ beantworten zu können. Und aus dieser Perspektive ergeben sich zwei Gruppen von Kosten.

8.3.4.1 Einzel- und Gemeinkosten

Innerhalb der BWL haben sich diese beiden Begriffe eingebürgert, wobei das entscheidende Kriterium zu ihrer Unterscheidung die Art der Verrechnung ist.

Einzelkosten sind demnach Kosten, die einem Kostenträger, einer Leistung, direkt zuzuordnen sind.

Beispiel

So kann ein Pflasterer genau angeben, wie viele Pflastersteine er auf das Füllmaterial legte und wie lange er für diese Arbeit benötigte. Materialkosten (z.B. Pflastersteine) und Lohnkosten sind demnach Einzelkosten.

Anders ausgedrückt: Einzelkosten bestehen aus Materialeinzel- und Fertigungseinzelkosten.

In Abgrenzung dazu kann behauptet werden, dass Gemeinkosten solche Kosten sind, die in einem Unternehmen „allgemein" anfallen – ohne dass sie den Kostenträgern direkt zugeordnet werden können.

Auch die Flott'n Bike weiß zwischen Einzel- und Gemeinkosten zu unterscheiden. Das Kerngeschäft der Flott'n Bike ist die Herstellung hochwertiger Fahrräder, die teilweise als Sonderanfertigung produziert werden. Je nach Radtyp entnimmt der jeweilige Mechaniker die Angaben zum Rahmen den Konstruktionsangaben, die in der EDV niedergelegt sind. Entsprechend diesen Angaben wird er mit den verschiedenen Rohrteilen versorgt, sägt sie teilweise passend und verbindet sie. Auch wenn teilweise ganz unterschiedliche Rohrteile verarbeitet werden und der Mechaniker unterschiedliche Zeiten für den Zusammenbau benötigt, so sind doch die Material- wie auch die Lohn- (= Fertigungs-)Kosten für den Rahmenbau bekannt.

Auch die weiteren Komponenten, die nach der Lackierung verbaut werden (Gabel, Zahnräder, Gangschaltung, Bremsen usw.), sind Einzelkosten. Ihre Beschaffungspreise sind in der EDV hinterlegt und können jedem einzelnen Rad zugeordnet werden.

Nicht direkt zuzuordnen sind die weiteren Kosten, die bei Flott'n Bike anfallen. Zu nennen sind z.B.

- *die Miete für das gesamte Gebäude,*
- *die Kosten für Reinigung, Instandhaltung, Versicherung, Steuern usw.,*
- *die Energiekosten, die in durchaus beträchtlicher Höhe anfallen,*
- *nicht einmal die Kosten für die Lacke, da immer gleich mehrere Rahmen lackiert werden;*
- *ferner die Kosten der Technikabteilung, die den Rahmen konstruiert und die Qualität und Verträglichkeit der Komponenten getestet hat.*

Ebenfalls nicht direkt zuzuordnen sind die Kosten aus dem Unterstützungsprozess, sprich: die Gehälter der Personen, die z.B. im Rechnungswesen arbeiten, oder auch das Geschäftsführergehalt von Karl Trittfest usw.

Deutlich wird hiermit schon das unternehmerische Problem: Die direkt zuzuordnenden Kosten entsprechen den unmittelbaren Herstellungskosten. Ihnen steht eine große Summe an Gemeinkosten gegenüber. Folglich müssten von der Gewinnspanne, die den bisher bekannten Herstellkosten hinzugerechnet wird, alle übrigen Gemeinkosten bezahlt werden. Dies ist ein mögliches, wahrscheinlich sogar häufig praktiziertes Verfahren, aber eben sehr ungenau und damit risikoreich.

Genauer formuliert besteht das unternehmerische Problem in der Frage: Wie kann ein Unternehmen dafür sorgen, dass möglichst passend jedes Produkt (jeder Kostenträger) anteilig die Gemeinkosten mitträgt?

Die in diesem Zusammenhang häufig zu beobachtende Unterscheidung der Gemeinkosten in

- so genannte echte Gemeinkosten, die einem Kostenträger aufgrund ihrer Art (Gehälter, Versicherung, Büromaterial etc.) nicht zuzuordnen sind,
- und unechten Gemeinkosten, die aufgrund ihres Wertes und damit aus Wirtschaftlichkeitserwägungen den Kostenträgern nicht zugeordnet werden (z.B. verschiedene Hilfsstoffe wie Schmierfett, Schrauben),

ist wohl weniger wichtig. Wichtig ist, wie die BWL mit diesen Gemeinkosten insgesamt umgeht.

8.3.4.2 Das Prinzip der Kostenumlage und die Ermittlung von Zuschlagssätzen

Das Verfahren, das die BWL in diesem Zusammenhang vorschlägt, ist mit dem Begriff Kostenstellenrechnung verbunden, welche ihrerseits in die Kostenträgerstück- bzw. Kostenträgerzeitrechnung einmündet. Die Kostenstellenrechnung bedient sich eines Instrumentes, das Betriebsabrechnungsbogen, BAB, genannt wird und welches das entscheidende Verbindungsstück zwischen Kostenstellenrechnung und Kostenträgerrechnung darstellt.

Das diesem Verfahren zugrunde liegende Prinzip ist eher einfach; es wirkt (und ist) deshalb kompliziert, weil Unternehmen bisweilen große und komplexe Gebilde sind und weil das Verfahren von dem entschiedenen Willen geprägt ist, alle erdenklichen Gemeinkosten in die Kostenträgerrechnung, sprich: in die Bewertung eines Produktes, einfließen zu lassen.

Hielte man dieses Verfahren auf einer sehr einfachen Stufe, dann könnte es folgendermaßen aussehen:

In ihrem dritten Geschäftsjahr beschäftigt die Flott'n Bike drei Einkäufer, für die monatliche Personalkosten (inkl. Nebenkosten) von 14.000 Euro anfallen. Kaufen diese Einkäufer nun für 350.000 Euro Ware ein, dann belaufen sich die Materialkosten nicht mehr auf 350.000 Euro, sondern schon auf 364.000 Euro. Für diese Einkäufer werden zudem noch drei Büroräume mit einer Gesamtfläche von 45 m^2 bereitgestellt, in denen entsprechendes Mobiliar und auch technisches Gerät (PC, Fax etc.) zu finden ist und mit (kalkulatorischen) Abschreibungswerten (250 Euro) einhergeht. Zur Miete kommen Aufwendungen für Energie hinzu, sodass monatliche Kosten von 360 Euro anfallen. In der Summe liegen somit die Ausgaben für die Materialbeschaffung bei 364.610 Euro, und es sind nur drei Gemeinkosten berücksichtigt worden, die zudem direkt dieser Kostenstelle (oder Kostenbereich) zugerechnet werden konnten.

Das Prinzip der Kostenstellenrechnung besteht demnach darin, (Gemein-)Kosten bestimmten Kostenstellen zuzurechnen. Diese Zurechnung benötigt in der Regel einen Verteilungsschlüssel. In dem vorliegenden Beispiel bestand dieser bei den Personalkosten darin, dass die Gehälter der Einkäufer in der Gehaltsliste klar ersichtlich waren. Miete und Energie wurden nach der Menge der Quadratmeter umgelegt (fünf Euro Miete pro m^2 sowie drei Euro Energie pro m^2). Die Abschreibungswerte wurden der Anlagenbuchhaltung entnommen. Für weitere noch umzulegende Gemeinkosten, z.B. für die betriebseigene Cafétera, müssten noch geeignete Schlüssel gefunden werden.

Die Kostenstellenrechnung hat damit ihre Funktion erfüllt: Kosten werden auf die einzelnen Kostenstellen umgelegt, bis sämtliche Gemeinkosten – möglichst verursachungsgerecht, aber doch nur „irgendwie“ – umgelegt sind. Der nächste Schritt ist dann der Übergang zur Kostenträgerrechnung. Die umgelegten Kosten müssen ihren Niederschlag in der Bewertung der Produkte, der Kostenträger, finden. Dafür lohnt sich eine Rückkehr zur Flott'n Bike.

Die Kostenstellenrechnung kam zu dem Ergebnis, dass nach Umlage weiterer Gemeinkosten für die Materialbeschaffung Kosten in einer gesamten Höhe von 385.000 Euro angefallen sind. Zusätzlich zu den Materialeinkäufen in Höhe von 350.000 Euro sind in dieser Kostenstelle also 35.000 Euro angefallen. Aus diesen beiden Größen entwickelt der kaufmännische Geschäftsführer einen so genannten Zuschlagssatz. Den ermittelt er einfach dadurch, dass er die umgelegten Kosten zu den „eigentlichen“ Materialkosten in Beziehung setzt:

$$\text{Zuschlagssatz} = \frac{35.000\ €}{350.000\ €} \cdot 100 = 10\,\%$$

Diesen Zuschlagssatz lässt er dann in die Kostenträgerrechnung einfließen. Will er also den Preis eines Fahrrades ermitteln und weiß er, dass für dieses Material in der Größenordnung von 500 Euro benötigt wird, dann rechnet er einen Materialgemeinkostenzuschlag von 10 % hinzu. In den Preis des Produktes fließen also nicht Materialien zu 500 Euro, sondern zu 550 Euro ein.

Ähnlich verfährt er mit den Fertigungslöhnen. Auch in der Fertigung fallen Gemeinkosten an. Auch die Fertigung beansprucht Raum, hat also die Mietkosten – nebst Energie – zu tragen. Auch dort wird technisches Gerät be- und abgenutzt, was zu entsprechenden Abschreibungswerten führt. Des Weiteren ist in der Fertigung ein Meister tätig, der die Techniker anleitet und die Arbeit organisiert. Sein Gehalt ist in den Lohnkosten der Fertigung nicht enthalten.

Die Summe der umgelegten Gemeinkosten setzt er auch wieder in Beziehung zu den Lohnkosten (Fertigungseinzelkosten) und bildet damit einen Zuschlagssatz. So fielen in dem betreffenden Monat Lohnkosten von 30.000 Euro an, die umgelegten Gemeinkosten (u.a. Meistergehalt sowie Miete und Energie für die Produktionshalle) betrugen 33.000 Euro. Im Ergebnis stellt sich der Zuschlagssatz wie folgt dar:

$$\text{Zuschlagssatz} = \frac{33.000\ €}{30.000\ €} \cdot 100 = 110\ \%$$

Auch diesen Zuschlagssatz lässt er in die Kostenträgerrechnung einfließen. Weiß er, dass für die Herstellung des Fahrrades Lohnkosten in der Größenordnung von 200 Euro einfließen, dann rechnet er den Fertigungsgemeinkostenzuschlag von 110 % hinzu, sodass im Ergebnis die Lohnkosten 420 Euro betragen.

8.3.4.3 Die Umsetzung mit dem einstufigen BAB

Das soeben dargestellte Prinzip wird in systematischer Form mit dem Betriebsabrechnungsbogen, BAB, durchgeführt. Bei diesem Verfahren wird zunächst das Unternehmen in Kostenbereiche und Kostenstellen (bisweilen auch Kostenplätze) unterteilt. Der Unterschied zwischen Kostenbereichen und Kostenstellen besteht lediglich darin, dass ein Kostenbereich mehrere Kostenstellen umfassen kann. Häufig wird ein Kostenbereich auch Kostenstelle genannt.

Bei dieser Unterteilung wird begrifflich zwischen

- End- bzw. Hauptkostenstellen und so genannten
- Vor- bzw. Nebenkostenstellen unterschieden.

Letztere erfahren dann noch eine Unterteilung in allgemeine Kostenstellen und Hilfskostenstellen.

Bei der einstufigen Variante des BAB interessieren zunächst nur die Hauptkostenstellen, die gewöhnlich in vier einzelne Kostenstellen unterteilt werden. Diese ergeben sich aus dem betrieblichen Leistungsprozess und umfassen damit die Bereiche: Beschaffung (= Material(wirtschaft)), Produktion (= Fertigung) und Vertrieb. Ergänzend wird die Verwaltung, bestehend aus Unternehmensleitung und Rechnungswesen, hinzugenommen. Entsprechend ihrer Nähe zu den Märkten ergibt sich folgende Anordnung:

- Hauptkostenstelle Material
- Hauptkostenstelle Fertigung
- Hauptkostenstelle Verwaltung
- Hauptkostenstelle Vertrieb

Auf diese Hauptkostenstellen werden nun die Gemeinkosten umgelegt. In dem obigen Beispiel wurden die Mietkosten nach den von den Kostenstellen beanspruchten Quadratmetern und die Gehälter anhand der Gehaltsliste aus der Personalabteilung umgelegt. Dieses Verfahren ist ebenso möglich wie die Umlage nach einem intern gebildeten Verteilungsschlüssel. Jedes Unternehmen hat hier Wahlfreiheit, wie es die Kosten umlegt.

Die Flott'n Bike hat sich dazu entschieden, wo immer es möglich ist, klare Kriterien für die Umlage zu entwickeln. So werden die kalkulatorischen Abschreibungskosten nach den Unterlagen der Anlagenbuchhaltung umgelegt. Dort ist eindeutig verzeichnet, wo die jeweiligen Abschreibungsgegenstände (Maschinen, technisches Gerät, Möbel etc.) vorhanden sind und welcher Abschreibungssatz ihnen zugerechnet wurde. Ein sehr verkürzter BAB der Flott'n Bike sieht deshalb folgendermaßen aus:

Kostenarten	Summe	Hauptkostenstelle Material	Hauptkostenstelle Fertigung	Hauptkostenstelle Verwaltung	Hauptkostenstelle Vertrieb	
Miete	15.000	5.000	6.500	2.000	1.500	Umlage z.B. nach m²
Energie	9.000	3.000	3.900	1.200	900	Umlage z.B. nach m²
Gehälter	180.000	35.000	50.000	60.000	35.000	Umlage z.B. nach Gehaltsliste oder Schlüssel
Hilfslöhne	15.000	4.500	7.500	1.500	1.500	Umlage z.B. nach Verteilungsschlüssel: 3/5/1/1
Instandhaltung	8.000	1.600	4.800	800	800	Umlage z.B. nach Verteilungsschlüssel: 2/6/1/1
kalk. AfA	20.000	7.000	10.000	1.500	1.500	Umlage z.B. nach Anlagenbuchhaltung
kalk. Zinsen	6.000	1.800	3.000	600	600	Umlage z.B. nach Verteilungsschlüssel: 3/5/1/1
Summe GK	**253.000**	**57.900**	**85.700**	**67.600**	**41.800**	

Abb. 18: Verkürzter BAB der Flott'n Bike

Sind die Kosten in dieser Weise umgelegt, dann können die Zuschlagssätze ermittelt werden. Für die Kostenstellen Material und Fertigung sind die Bezugsgrößen klar: Es sind die direkt zuzuordnenden Material- bzw. Fertigungskosten (Fertigungslöhne).

Dem BAB der Flott'n Bike zufolge weisen die Kostenstellen Material und Fertigung anteilige Gemeinkosten in Höhe von 57.900 Euro bzw. 85.700 Euro auf.

Werden diese Werte durch den Wert ihrer Bezugsgrößen (350.000 Euro bzw. 30.000 Euro) geteilt, ergeben sich die ausgewiesenen Zuschlagssätze von 16,5 % bzw. 285,7 %. Unklar ist an dieser Stelle noch, auf welche Größe sich die Kostenstellen Verwaltung und Vertrieb beziehen.

Der Logik des BAB folgend beziehen Verwaltung und Vertrieb sich auf die bisher ermittelten Herstellkosten, also auf die Summe Materialeinzel- und Materialgemeinkosten zuzüglich der Fertigungseinzel- und Fertigungsgemeinkosten. Diese Herstellkosten betragen insgesamt 523.600 Euro.

In einem weiteren Schritt wird dieser Wert ebenfalls als Teiler für die umgelegten Verwaltungs- und Vertriebsgemeinkosten genommen, sodass im Ergebnis Zuschlagssätze in Höhe von 12,9 % (für die Verwaltung) und 8,0 % (für den Vertrieb) vorliegen.

8.3.4.4 Die Umsetzung mit dem mehrstufigen BAB

Der bisher dargestellte einstufige BAB machte keinen Gebrauch von den Nebenkostenstellen. Als Nebenkostenstellen waren weiter oben die allgemeinen Kostenstellen bzw. die Hilfskostenstellen benannt worden. Angezeigt durch die Bezeichnung Hilfskostenstellen besteht ihr Prinzip darin, dass sie eine Funktion (= Hilfe) für eine andere Kostenstelle erfüllen.

Dies lässt sich deutlich machen an der in vielen (Produktions-)Unternehmen vorzufindenden Fertigungshilfsstelle (z.B. Konstruktionsabteilung). Sie arbeitet der Fertigung zu; ihre Kosten müssen also auf die Fertigung umgelegt werden.

Des Weiteren verfügen die meisten Unternehmen über einen Fuhrpark, der – in welcher Aufteilung auch immer – allen Bereichen zur Verfügung steht und dessen Kosten entsprechend umgelegt werden. Der Fuhrpark ist in diesem Sinne eine allgemeine Kostenstelle, die in Beziehung zu allen anderen Kostenstellen steht.

Die Berücksichtigung dieser Nebenkostenstellen führt zu einem mehrstufigen Verfahren bei der Anfertigung des BAB. Wie bei der einstufigen Variante werden zunächst alle Kosten auf die Haupt- und Nebenkostenstellen umgelegt und aufsummiert. Sodann werden die Kosten der allgemeinen Kostenstellen nach einem entsprechenden Schlüssel auf die nachfolgenden Stellen und anschließend die Kosten der Hilfskostenstelle(n) auf jene Kostenstellen umgelegt, für die sie eine Hilfe darstellen.

Diese Umlagen führen in der Folge zu neuen (höheren) Summen bei den Gemeinkosten der Hauptkostenstellen und damit zu anderen (höheren) Zuschlagssätzen.

Auch die Flott'n Bike machte irgendwann Gebrauch von einem mehrstufigen BAB. Mittlerweile hatte sie einen durchaus beachtlichen Fuhrpark, zudem unterhielt sie ein Gebäudemanagement, das für die Reinigung, die notwendigen Instandhaltungen und baulichen Anpassungen sorgte, für die Belegung der Besprechungs- und Seminarräume sowie für die Cafeteria zuständig war. Ferner gewann die Technikabteilung immer mehr an Bedeutung, weil dort auch an der Weiterentwicklung von Radtechnik gearbeitet wurde.

Mit der Berücksichtigung dieser Nebenkostenstellen wurden die Kosten nun genauer aufgeteilt, die Aufteilung war nun verursachungsgerechter.

Im Ergebnis erhielten sie für einen Monat den folgenden BAB (siehe nächste Seite):

	Kostenarten	Summe	Vorkostenstellen		Endkostenstelle Material	Endkostenstelle Fertigung			Endkostenstelle Verwaltung	Endkostenstelle Vertrieb
			Gebäudemanagement	Fuhrpark		Hilfskostenstelle Konstruktion	Endkostenstelle Fertigung I	Endkostenstelle Fertigung II		
1	Miete	15.000 €	200 €	200 €	4.800 €	400 €	3.500 €	3.000 €	1.400 €	1.500 €
2	Energie	9.000 €	200 €	400 €	2.800 €	500 €	2.000 €	1.400 €	800 €	900 €
3	Gehälter	212.000 €	5.000 €	3.000 €	35.000 €	24.000 €	30.000 €	20.000 €	60.000 €	35.000 €
4	Hilfslöhne	17.500 €	1.500 €	500 €	4.500 €	1.000 €	3.000 €	4.000 €	1.500 €	1.500 €
5	Instandhaltung	11.000 €	1.000 €	1.000 €	2.000 €	1.000 €	2.000 €	3.000 €	500 €	500 €
6	kalk. AfA	25.000 €	1.000 €	3.000 €	7.000 €	1.000 €	6.000 €	4.000 €	1.500 €	1.500 €
7	kalk. Zinsen	7.100 €	500 €	800 €	1.800 €	500 €	1.500 €	1.000 €	500 €	500 €
8	**Summe GK**	**296.600 €**	**9.400 €**	**8.900 €**	**57.900 €**	**28.400 €**	**48.000 €**	**36.400 €**	**66.200 €**	**41.400 €**
9	Umlage Gebäudeman.		9.400 €	500 €	2.000 €	1.000 €	1.800 €	1.500 €	1.600 €	1.000 €
	Zwischensumme			9.400 €						
10	Umlage Fuhrpark			9.400 €	1.000 €	500 €	500 €	500 €	4.500 €	2.400 €
	Zwischensumme					29.900 €				
11	Umlage Konstruktion						17.500 €	12.400 €		
12	**Summe GK**	**296.600 €**	–	–	**60.900 €**	–	**67.800 €**	**50.800 €**	**72.300 €**	**44.800 €**
13	Fertigungsmaterial				360.000 €					
14	Fertigungslöhne I						26.000 €			
15	Fertigungslöhne II							22.000 €		
16	**Herstellkosten**								**587.500 €**	**587.500 €**
17	Zuschlagssätze				16,9 %		260,8 %	230,9 %	12,3 %	7,6 %

Abb. 19: Mehrstufiger BAB der Flott'n Bike

Wie diesem BAB zu entnehmen ist, verändern sich die Summen der Gemeinkosten der einzelnen Kostenstellen (Zeile 8) durch die Umlage der Kosten aus den Nebenkostenstellen (Zeilen 9–12). Ebenfalls erkennbar ist, dass die umgelegten Gemeinkosten durch die Umlage verschwinden. Aufgrund leicht veränderter Einzelwerte sind die BABs nicht direkt vergleichbar. Hätten beide BABs gleiche Werte gehabt, wäre es zu einer Binnenverschiebung mit veränderten Zuschlagssätzen gekommen.

Ein BAB hat als solcher schon einen Nutzen. Wird er monatlich erstellt, dann verfügt ein Unternehmen über ein gutes Instrument zur Kostenkontrolle. Auf der Basis einiger BABs lassen sich durchschnittliche Kosten und durchschnittliche Zuschlagssätze entwickeln. Letztere erhalten dann die Bezeichnung Normalzuschlagssätze. Sie können als Vergleichsgröße für die in den anderen Monaten errechneten Ist-Zuschlagssätze dienen und lenken somit den Blick auf eine Über- bzw. Unterdeckung. Der BAB kann somit vom Controlling als Basis eines Soll-Ist-Vergleichs herangezogen werden (vgl. Kap. 9).

8.3.4.5 Der Übergang in die Kostenträgerrechnung

Ein anderer Nutzen des BAB besteht darin, dass er die Grundlage der Kalkulation der Produkte darstellt. Mit den Angaben, die der BAB in seiner unteren Hälfte enthält, lässt sich in wenigen Schritten ermitteln, zu welchem Preis ein Produkt verkauft werden muss/sollte, damit sämtliche Kosten gedeckt sind.

In diesem Zusammenhang wird zunächst in einer klar gegliederten Schrittfolge der so genannte Selbstkostenpreis ermittelt.

Mit Blick auf die kommende Saison hat die Flott'n Bike ein neues Rennrad entwickelt, das bei guter Ausstattung und neuem Rahmendesign für viele Endkunden interessant sein dürfte. Der Flott'n Bike ist dabei bewusst, dass der Endverkaufspreis 3.000 Euro nicht übersteigen sollte, wobei ihnen auch klar ist, dass sie den Handelsaufschlag der Händler nicht festlegen können. Zunächst aber müssen sie ermitteln, wie hoch die eigenen Kosten dieses Rades sind.

Die Grundlage bilden die Materialkosten, die sich in diesem Fall auf 456 Euro belaufen. Hinzu kommt der Materialgemeinkostenzuschlag, ferner die Fertigungseinzelkosten mit dem dazugehörenden Zuschlagssatz. Die Summe dieser Kosten ergibt die Herstellkosten, die immerhin bei

bei rund 900 Euro liegen. Werden zu diesen die Verwaltungs- und Vertriebsgemeinkosten hinzugerechnet, ergibt sich ein Selbstkostenpreis in Höhe von 1.080 Euro.

	Kürzel	Bezeichnung	Betrag	Zuschlags-satz
	MEK	Materialeinzelkosten	456,00 €	
+	MGK	Materialgemeinkosten	77,06 €	16,9 %
=	MK	Materialkosten	533,06 €	
+	FEK	Fertigungseinzelkosten	102,00 €	
+	FGK	Fertigungsgemeinkosten	266,02 €	260,8 %
=	FK	Fertigungskosten	368,02 €	
=	HK	Herstellkosten (MK + FK)	901,08 €	
+	VerwGK	Verwaltungsgemeinkosten	110,83 €	12,3 %
+	VertGK	Vertriebsgemeinkosten	68,48 €	7,6 %
=	SK	Selbstkosten	1.080,39 €	

Abb. 20: Ermittlung des Selbstkostenpreises

8.3.4.6 Die weiteren Kalkulationsschritte

Die bisherige Kalkulation endete mit der Ermittlung des Selbstkostenpreises. Er besagt, zu welchen Kosten das Produkt im eigenen Unternehmen hergestellt wird. Dies kann aber nicht der Preis sein, den ein Unternehmen am Markt realisieren möchte.

Es muss ein Gewinnzuschlag hinzukommen, denn bisher wurden ja nur Kosten berücksichtigt. Ein entsprechender Zuschlagssatz kann im Unterschied zu den o.a. Zuschlagssätzen nicht errechnet werden. Vielmehr wird er festgelegt und die Höhe des Zuschlags findet seine Obergrenze ausschließlich in der Bereitschaft des Kunden, diesen auch zu bezahlen.

Wird er zu dem Selbstkostenpreis addiert, erhält man den so genannten Barverkaufspreis. In der Sprache der BWL wird dieser Zuschlag zum Hundert (auf den Hunderter) gerechnet, womit ausgedrückt wird, dass der Selbstkostenpreis als voller Grundwert (= Hundert) herangezogen wird.

Auch die Flott'n Bike arbeitet mit dem üblichen Kalkulationsschema. Der kaufmännische Geschäftsführer geht häufig von einem Gewinnzuschlag in Höhe von 30 % aus, sodass er für das neue Modell den folgenden Barverkaufspreis erhält:

	Selbstkostenpreis	1.080,00 €	100 %
+	Gewinnzuschlag	324,00 €	30 %
=	Barverkaufspreis	1.404,00 €	130 %

Ihm ist dabei auch bewusst, dass dies nicht der Preis sein kann, den er seinen Kunden, den Fachhändlern anbietet. Wie alle Unternehmen braucht auch die Flott'n Bike einen schnellen Geldrückfluss. Für diesen muss er einen Anreiz schaffen, also Skonto bei einer Rechnungsbegleichung innerhalb einer Woche einräumen. Ferner will er Rabatt gewähren, vor allem, wenn die Händler eine bestimmte Menge des gleichen Modells bestellen. Beide Positionen muss er hinzurechnen, damit Skonto und Rabatt nicht zulasten des Gewinns gehen. Im Ergebnis wird er dann mit dem Zwischenschritt über den Zielverkaufspreis den Angebots- bzw. Listenpreis erhalten. Letzterer lässt sich auch als Nettoverkaufspreis bezeichnen.

Das Verfahren, das der kaufmännische Geschäftsführer bei der Ermittlung dieses Listenpreises einsetzt, kennt er noch aus seinem Schulunterricht. Die Zielperspektive ist die Bestimmung des Angebotspreises. Dieser wird als voller Grundwert (mit 100 %) genommen, was zur Folge hat, dass der Barverkaufspreis (und ebenso der Zielverkaufspreis) nun einen verminderten Grundwert darstellt. (In der Sprache der Mathematiker heißt es, dass im Hunderter gerechnet wird.) Die Verminderung entspricht dabei dem Wert, der als Skontosatz bzw. als (maximaler) Rabattsatz eingeplant wird. Er bedient sich dabei der gebräuchlichen Formel:

$$\frac{\text{Barverkaufspreis} \cdot \text{Skontosatz}}{100 - \text{Skontosatz}} \text{ bzw. } \frac{\text{Zielverkaufspreis} \cdot \text{Rabattsatz}}{100 - \text{Rabattsatz}}$$

Weiter geht er von 3 % Skonto und von 5 % Rabatt aus, sodass er zu den nachfolgenden Ergebnissen kommt. Zum Listenpreis addiert er dann noch die gesetzlich vorgeschriebene Umsatzsteuer.

	Barverkaufspreis	1.404,00 €	= 97 %
+	Skonto	43,42 €	3 %
=	Zielverkaufspreis	1.447,42 €	= 95 %
+	Rabatt	76,18 €	5 %
=	Angebotspreis/Listenpreis	1.523,60 €	= 100 %
+	Umsatzsteuer	289,48 €	19 %
=	Bruttoverkaufspreis	1.813,08 €	= 119 %

Abb. 21: Ermittlung des Listenpreises (inkl. Umsatzsteuer)

Den ausgewiesenen Listenpreis hält auch Karl für angemessen. Damit haben beide den oben angegebenen Endverkaufspreis im Blick. Sofern der Händler seinerseits rund 30 % (für Bezugskosten und Handelsaufschlag) einplant und auch die vorgeschriebene Umsatzsteuer hinzurechnet, ergibt sich ein Endverkaufspreis von rund 2.800 Euro. Und dieser Preis ist wettbewerbsfähig! Ein erstklassiges Rennrad unter 3.000 Euro. Beide sind voll zufrieden.

8.3.5 Teilkostenrechnung am Beispiel der Deckungsbeitragsrechnung

Der Betriebsabrechnungsbogen ist Teil der so genannten Vollkostenrechnung. Dieser Begriff verweist darauf, dass mit ihm versucht wird, die gesamten (vollen) Kosten eines Unternehmens zu erfassen und in die Bewertung der betrieblichen Leistungen (Kalkulation) einfließen zu lassen. Die Notwendigkeit und auch die Sinnhaftigkeit eines solchen Vorgehens kann sicherlich nicht abgestritten werden: Ein Unternehmen, das seine Kosten nicht kennt, ist vergleichbar mit einem Verbraucher, der seine Ausgaben nicht verfolgt und den Blick auf seinen Kontoauszug scheut. Gleichwohl hat die Vollkostenrechnung deutliche Nachteile.

8.3.5.1. Die Mängel der Vollkostenrechnung

Diese Nachteile meinen nicht einmal den Aufwand, der notwendig ist, um die vollen Kosten zu ermitteln. Gemeint sind damit grundlegende Mängel, die zu unternehmerischen Fehleinschätzungen führen. Die BWL sieht diese Mängel

- in der Proportionalisierung von Fixkosten sowie
- in der (starren) Umlage der fixen Teile der Kosten nach einem Schlüsselsystem.

Im Kern besteht dieser Mangel darin, dass nicht oder nicht exakt genug zwischen variablen und fixen Kosten unterschieden wird und somit ein falsches Signal für die unternehmerische Tätigkeit gesetzt wird. Bei Durchführung der Vollkostenrechnung und der Anwendung des obigen Kalkulationsschemas erhalten die Kostenträger einen Wert, der höher als die wirklichen Kosten ist. Mit etwas Überspitzung lässt sich sogar die Behauptung aufstellen, dass das Prinzip der Vollkostenrechnung, nämlich alle Kosten anteilig in den Preis einfließen zu lassen, dem Unternehmen die Möglichkeit zu einem offensiven Verkauf nimmt.

Karin Wird-Unterschätzt erinnert sich plötzlich. Die Qualirad hatte vor einigen Jahren einen großen Auftrag gewonnen. Ein großer Radsportverein, der mit einer weiterführenden Schule kooperierte, benötigte 100 Jugendrennräder in einer speziellen Bauart. Entsprechend den Anforderungen des Vereins mussten an dem Modell eines Standardrennrades Veränderungen vorgenommen werden. Hinzu kam, dass dieser Verein nur bereit war, einen Preis zu zahlen, der dem der Standardräder entsprach. Sie fuhr also mit ihrem Chef zu einem bekannten Radhersteller, um mit ihm über die Bezugskosten der Räder zu verhandeln. Das Verhandlungsziel ihres Chefs war eindeutig: Er wollte die Spezialräder zu den Bezugskosten der Standardräder.

Das Gespräch verlief unerfreulich. Der Geschäftsführer lehnte – nach kurzer Kalkulation – ab; bei diesem Preis würden seine Kosten nicht gedeckt. Beim Weggang trafen sie den Controller dieses Herstellers, den Karin von früher kannte. Sie schilderte ihm das Gespräch und berichtete von der Absage. Der Controller verstand sofort. Der Geschäftsführer habe wieder den gleichen Fehler gemacht, so murmelte er.

Nach Erledigung des Auftrages, Monate später, erzählte der Controller ganz privat, da weder er bei dem Radhersteller noch Karin bei Qualirad beschäftigt waren, was er damals im Sinne hatte: Wie gewohnt habe der Geschäftsführer damals sein Kalkulationsschema genommen und mit ihm (und den Zuschlagssätzen aus dem BAB) den Selbstkostenpreis errechnet, und der lag dann knapp oberhalb des Wunschpreises von Qualirad. Also lehnte er zu Recht ab. Er ging davon aus, dass mit diesem Auftrag eben auch alle Gemeinkosten ansteigen und entsprechend dem internen Verteilungsschlüssel umgelegt werden müssten.

Das musste er aber nicht: Weder wäre der Fuhrpark erweitert noch wären höhere Gebäudekosten angefallen. Auch die Gehälter für Geschäftsführer, Verwaltungs- und Vertriebspersonal wären nicht angestiegen. Selbst die Kosten für die Konstruktionsabteilung hätten sich nicht verändert, da für die Räder exakte Beschreibungen und sogar Konstruktionszeichnungen vorlagen. All diese Kosten wären also gleich geblieben! Diese seien nämlich in einem sehr weit gehenden Maße fix und verändern sich mit der Menge der hergestellten Räder nicht. Klar ist allerdings, dass mit dem Auftrag andere Kosten steigen: die Materialkosten und die Lohnkosten für die Herstellung. Die Argumentation des Controllers gegenüber dem Geschäftsführer bestand somit darin, ihm deutlich zu machen, dass er diese beiden Kosten (Material und Fertigung) in Beziehung zu dem Wunschpreis der Qualirad setzen müsse.

Anders ausgedrückt: Es musste nur überprüft werden, ob dieser Wunschpreis oberhalb der (variablen) Einzelkosten liegt und ob damit ein Geldbetrag, ein Deckungsbeitrag für die fixen Gemeinkosten, erwirtschaftet wird. Diese Art, an einen Auftrag heranzugehen, hat allerdings zur Voraussetzung, dass entsprechende Produktionsmöglichkeiten, entsprechende Kapazitäten, vorhanden sind.

8.3.5.2 Die Deckungsbeitragsrechnung

Der Controller des Fahrradherstellers sprach damit die so genannte Deckungsbeitragsrechnung an, die auch als Teilkostenrechnung bezeichnet wird. Sie nimmt eben nicht die gesamten Kosten eines Betriebes in den Blick, sondern unterscheidet in einem ersten Schritt genau zwischen fixen und variablen Kosten. Die letztgenannten umfassen auch die Material- und Fertigungseinzelkosten und stehen dabei in einer engen Beziehung zum betrieblichen Leistungsprozess.

Ihre Höhe ist an die Menge der betrieblichen Leistungen (an die so genannte Ausbringungsmenge) gekoppelt. Steigt die Produktionsmenge, dann steigen die Kosten (meistens proportional, im gleichen Verhältnis), wird hingegen weniger produziert, dann fallen diese Kosten. Die fixen Kosten sind hingegen konstant und ändern sich nicht – sofern bestimmte Mengen nicht überschritten werden.

Auch bei der Flott'n Bike GmbH können variable und fixe Kosten klar voneinander unterschieden werden. Jedes hergestellte Rad besteht aus verschiedenen Komponenten, die sich zu den Materialkosten zusammenfassen lassen. Die Montage dieser Teile führt zu Lohnkosten. Daneben werden verschiedene Hilfsstoffe, wie Schmierfett etc., Verpackungsmaterial und auch Energie benötigt. Je mehr Räder die Flott'n Bike herstellt, desto mehr steigen diese Kosten an (oder fallen, wenn sie weniger produziert).

Alle anderen Kosten, die anteilige Miete für die Produktionsräume, die kalkulierten Abschreibungswerte für die Maschinen und Werkzeuge und sogar die übrigen Gemeinkosten des Unternehmens bleiben gleich, es sei denn der Produktionsbetrieb wird derart ausgeweitet, dass neue Maschinen und Werkzeuge angeschafft und eine weitere Buchhaltungskraft eingestellt werden muss, um die gestiegene Menge an Geschäftsvorfällen zu buchen.

Die Deckungsbeitragsrechnung dreht an dieser Stelle das Prinzip der Vollkostenrechnung um:

> *Das einzelne Produkt muss nicht anteilig alle Vollkosten tragen und erbringen, sondern es wird geprüft, ob es einen und, wenn ja, welchen Beitrag es für die Bestreitung der fixen Kosten leistet.*

Hierfür verwendet die Deckungsbeitragsrechnung eine äußerst einfache Rechnung: Von dem Preis eines einzelnen Produktes zieht sie die (direkt zuordenbaren) variablen Kosten ab und erhält somit den Deckungsbeitrag pro Stück:

	p (Erlös pro Stück = Preis pro Stück)
–	k_v (variable Kosten)
=	db (Deckungsbeitrag pro Stück)

In der Umkehrung lautet damit die Formel für den Deckungsbeitrag:
$db = p - k_v$

Multipliziert man anschließend den Preis eines Stückes mit der Ausbringungsmenge und zieht von diesem Ergebnis die gesamten variablen Kosten ab, dann erhält man den Gesamtdeckungsbeitrag. Alternativ multipliziert man den Einzeldeckungsbeitrag mit der jeweiligen Menge.

Schon diese kurzen Rechenschritte liefern wichtige Informationen: Ist der so ermittelte Deckungsbeitrag negativ, lohnt sich keine Produktion (es sei denn, dieses Produkt wird für den Verkauf eines anderen benötigt).

Mit beiden Deckungsbeiträgen kann weitergerechnet werden: Entweder wird der Deckungsbeitrag pro Stück in Beziehung zu den fixen Kosten je Stück gesetzt oder der Gesamtdeckungsbeitrag einer bestimmten Produktionsmenge (oder einer bestimmten Produktgruppe) in Beziehung zu den produktspezifischen fixen Kosten gesetzt. Im Ergebnis kann so eine Aussage über den Betriebserfolg getroffen werden.

8.3.5.3 Die Break-even-Analyse

Wird die Deckungsbeitragsrechnung genutzt und werden die Produkte hinsichtlich ihres Deckungsbeitrages untersucht, dann stellt sich die Frage, ab welcher Menge die fixen Kosten gedeckt sind, was anders ausgedrückt heißt: ab welcher Menge die Gewinnzone erreicht wird.

Die BWL stellt zu diesem Zweck die so genannte Gewinnschwellenberechnung, die Break-even-Analyse, bereit, die ähnlich einfach aufgebaut ist.

Einen schnellen Zugang zu diesem Instrument erhält man, wenn man sich zunächst Folgendes vergegenwärtigt: Die Grenze zwischen Gewinn und Verlust liegt genau da, wo die Erlöse die gleiche Höhe haben wie die Kosten, was sich mathematisch in der einfachen Gleichung $E = K$ ausdrücken lässt. Des Weiteren sollte man sich auf folgende Überlegungen einlassen:

- Die Erlöse ergeben sich aus dem Produkt des Stückpreises p mal der verkauften Stückzahl. Letztere ist in diesem Zusammenhang die Variable, denn die genaue Menge ist nicht bekannt; sie soll erst errechnet werden. In mathematischer Ausdrucksweise lässt sich also die Gleichung aufstellen:

  $E = p \cdot x$

- Die (Gesamt-)Kosten, die oben mit K bezeichnet wurden, stellen sich als die Summe aus fixen und variablen Kosten dar, wobei die Höhe der (gesamten) variablen Kosten abhängig ist von der Menge der verkauften Stückzahl, welche aber nicht bekannt ist. Also:
  $K = K_f + K_v \cdot x$

- Auf der Grundlage dieser Bestimmungen ergibt sich, dass sich die Grenze zwischen Verlust und Gewinn, ausgedrückt durch die erstgenannte Formel E = K, auch wie folgt darstellen lässt:
  $x \cdot p = K_f + K_v \cdot x$

Das Produkt aus der unbekannten Menge der Ware und seinem Preis entspricht der Summe aus den fixen Kosten und dem Produkt aus der unbekannten Menge und den variablen Kosten der Ware.

Soll nun die Menge errechnet werden, an der die Grenze überschritten wird, dann ergibt sich durch Auflösung die Formel:

$$x = \frac{K_f}{p - K_v} \quad (\text{bzw. } \frac{K_f}{db})$$

Diese einfachen Rechnungen haben Karl begeistert. Er möchte sie anwenden. Er kennt den Deckungsbeitrag des Mountainbikes Fasta 9. Dieser beträgt 450 Euro. Dem stehen monatliche Fixkosten von 15.750 Euro gegenüber. Im Rückgriff auf die obige Formel kann er schnell ausrechnen, wie viele Mountainbikes dieses Typs hergestellt werden müssen, damit ein Gewinn, sprich: ein Deckungsbeitrag für weitere Kosten, entsteht:

$$x = \frac{K_f}{db} \quad x = \frac{15.750\ €}{450\ €} = 35 \text{ Stück}$$

Diese Menge erscheint ihm durchaus realistisch.

In der BWL wird die Gewinnschwelle häufig grafisch ermittelt oder ergänzend in grafischer Form präsentiert. Im Ergebnis erscheint ein Koordinatenkreuz mit mindestens zwei, meistens aber vier Linien:

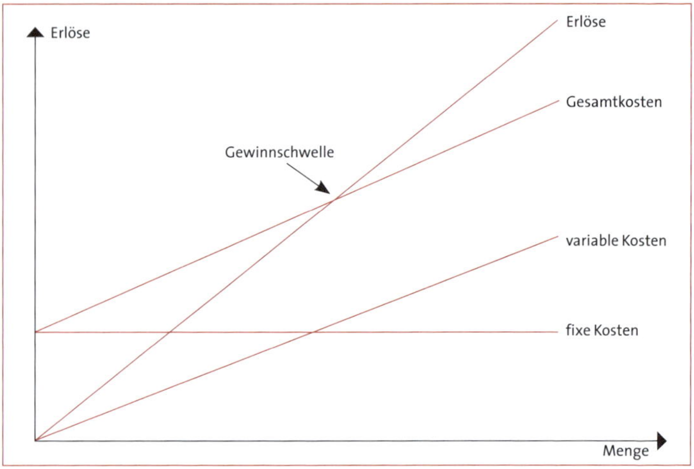

Abb. 22: Break-even-Point

8.4 Abschließende Bemerkungen

Es dürfte deutlich geworden sein, dass externes und internes Rechnungswesen grundlegend andere Aufgaben verfolgen. Diese Aufgaben zu erfüllen, bedeutet, dass es für Unternehmen unerlässlich ist, sowohl das externe wie auch das interne Rechnungswesen durchzuführen und zu managen.

Mit dem Rechnungswesen sind die Funktionen, die ein Unternehmen auf jeden Fall erfüllen muss, fast abgeschlossen: Die Produkte sind beschafft und vermarktet worden. Die notwendigen Investitionen wurden getätigt und die finanziellen Mittel bereitgestellt. Schließlich wurde mittels des Rechnungswesens ein wertmäßiger Überblick über die Güter- und Geldströme geschaffen.

Wenn dies stimmt, dann stellt sich mit Nachdruck die Frage, warum Unternehmen die Funktion des Controllings erfüllen sollen, warum sie Mitarbeiter mit Controlling-Aufgaben beauftragen sollen und worin diese bestehen.

Fragen zur Vertiefung und Festigung

1. Erklären Sie in Ihren eigenen Worten die Begriffe Kostenarten-, Kostenstellen- und Kostenträgerrechnung!
2. Beschreiben Sie in Ihren eigenen Worten die Aufgabe eines Betriebsabrechnungsbogens! Gehen Sie hierbei auch auf die Herstell- und Selbstkosten ein.
3. Wie lautet die Formel der Deckungsbeitragsrechnung und was wird mit dieser Rechnung ermittelt?
4. Was ist mit dem Begriff Break-even-Point gemeint?
5. Unterscheiden Sie anhand von vier Merkmalen das interne von dem externen Rechnungswesen!

9 Controlling

Für die oben aufgestellte Behauptung, der zufolge der betriebliche Leistungsprozess mit den bisher dargestellten Funktionen im Prinzip abgeschlossen ist, spricht auch, dass der Funktionsbereich des Controllings erst relativ spät ins Blickfeld der Betriebswirte und der Unternehmen kam. Als Verbraucher haben wir keinen direkten Zugang zum Controlling. Wahrscheinlich denken die meisten an Kontrolle, obwohl das englische Wort „to control" nicht gleichbedeutend ist mit dem deutschen Wort „kontrollieren".

Mittlerweile beschäftigen sich viele mit Controlling – und hinterlassen eine kaum zu überschauende Menge an Erklärungen und Beschreibungen. Gleichwohl gibt es keine allgemein anerkannte Definition, was Controlling ist und worin sein spezifisches Leistungsspektrum besteht.

Trotz dieser Unbestimmtheit scheint es aufseiten der Unternehmen einen deutlichen Bedarf nach Controlling zu geben. Es spricht viel dafür, dass Unternehmensleitungen vor allem ab einer bestimmten Größe mit einer Art „Unübersichtlichkeit" konfrontiert sind, die sie mit Controlling zu klären hoffen. Es spricht auch viel dafür, dass Unternehmensleitungen angesichts eines zunehmenden Konkurrenzdruckes, einhergehend mit der Notwendigkeit, schnell zu reagieren, und angesichts eines zunehmend komplexer werdenden Unternehmensumfeldes nach einer zusätzlichen internen Dienstleistung verlangen, die sie bei der Führung des Unternehmens unterstützt.

9.1 Die Aufgabenbereiche des Controllings als unternehmensinterne Dienstleistung

Häufig werden die Aufgabenbereiche des Controllings mit vier Begriffen umrissen:

- Informationsversorgung,
- Planung,
- Koordination und
- Kontrolle.

Diese sind eingängig und wohl leicht zu merken, sie bleiben aber auch sehr abstrakt, wenn nicht klar ist, was mit diesen Begriffen gemeint ist und wie die genannten Aufgabenbereiche zusammenhängen. Kehren wir also noch einmal zur obigen Aussage zurück, dass Unternehmensleitungen eine interne Dienstleistung wünschen, die nicht von den betrieblichen Grundfunktionen erfüllt wird.

Nach den bisherigen Ausführungen wird ein Unternehmen dann erfolgreich sein,

- wenn es seine Tätigkeiten von der Nachfrage her bestimmt,
- wenn es sich strategisch, d.h. auf mittlere bis längere Sicht, an dieser ausrichtet und sein Leistungsprogramm und seine Absatzaktivitäten im Hinblick auf die bestmögliche Bedienung dieser Nachfrage gestaltet,
- wenn es die Beschaffungs- und Logistikaktivitäten so koordiniert, dass eine optimale und sichere Versorgung mit allen benötigten Produkten und Dienstleistungen zu einem günstigen Preis gesichert ist und der interne Materialfluss reibungslos funktioniert und von allen vermeidbaren Kosten befreit ist,
- wenn es jede Ausgabe finanzieller Mittel (Investition) auf ihre Notwendigkeit und Vorteilhaftigkeit überprüft und sich um die ausreichende Versorgung mit günstigen finanziellen Mitteln kümmert,
- wenn es mithilfe der Finanzbuchhaltung für den gesetzlich vorgeschriebenen Überblick über die Ertrags-, Finanz-und Vermögenssituation sorgt und durch eine Kosten- und Leistungsrechnung alle Kosten erfasst und die betrieblichen Leistungen so bewertet, dass ein ausreichender und möglichst hoher Geldrückfluss gesichert ist.

Die Aufgabe der Unternehmensleitung besteht abschließend darin,

- diese Funktionen aufeinander abzustimmen, sie zu koordinieren,
- ihr Zusammenwirken im Hinblick auf die gesetzten Ziele zu steuern,
- die Schritte auf dem Weg der Zielerreichung und auch die Angemessenheit der Ziele ständig zu überprüfen, zu kontrollieren
- und dabei noch die beteiligten Mitarbeiter zu führen (womit eine außerordentlich schwierige Aufgabe benannt ist).

Deutlich wird damit, dass Unternehmensführung ein hochkomplexes Aufgabenbündel ist. Dieses erledigen zu können, bedeutet auf jeden Fall, einen hinreichenden Überblick zu haben, für diesen alle notwendigen Informationen zu besitzen und diese zu verarbeiten.

Es bedeutet auch, über wirksame Instrumente zu verfügen, mit denen die fortlaufende Zielfestlegung (im Hinblick auf ein sich rasch veränderndes Umfeld) passgenau erfolgen kann und mit denen die Zielverfolgung schnell überprüft und geeignete Maßnahmen zur Anpassung und Korrektur ergriffen werden können. In diesem Zusammenhang sollte man beachten:

Die Informationen, die die Teilfunktionen des betrieblichen Leistungsprozesses bereitstellen, sind begrenzt.

Auch wenn z.B. ein Beschaffungsmanagement sich seiner Rolle als Teil eines Wertschöpfungsprozesses bewusst ist und seine Aktivitäten angemessen steuert, so ist sein Blick immer auf seine eigenen Aktivitäten gerichtet. Das Gleiche gilt für ein Vertriebsmanagement, dessen Blick immer darauf zielt, möglichst effektiv zu verkaufen. Die Blicke von Beschaffung und Vertrieb sind immer „Tunnelblicke" und wohl auch von Eigeninteressen beeinflusst. Die Informationen, die sie weitergeben, ergeben sich aus ihrem jeweiligen Blick.

Selbst die Informationen, die die Finanzbuchhaltung und das betriebliche Rechnungswesen zur Verfügung stellen, sind in ihrer Aussagekraft eingeschränkt. Die Finanzbuchhaltung vollzieht ihre Aufgabe der Informationsverdichtung unter der eindeutigen Vorgabe des Gläubigerschutzes. Das betriebliche Rechnungswesen betrachtet seine Tätigkeit durch die Brille der „Kosten-(Erfassung) und Leistungs(be)rechnung" und bereitet Informationen entsprechend auf.

Ein Vordenker des Controllings, J. Hugh Jackson, stellte deshalb schon 1949 die Behauptung auf, dass die grundlegende Funktion des Controllers darin bestehe, die Buchhaltung aus ihrer engen Jacke herauszunehmen, damit sie vom praktischen Management genutzt werden kann (vgl. Weber/Schäffer 2008, S. 4). Controlling kann damit am besten so charakterisiert werden, dass es entsprechend dem jeweiligen Informationsbedürfnis der Unternehmensleitung aktiv wird.

Controlling ist eine Hilfsfunktion der Unternehmensleitung.

Wie weiter unten deutlich wird, greift es dabei durchaus auf die Daten des Rechnungswesens (und der anderen Funktionen) zurück. Etwas überspitzt lässt sich sogar die Behauptung aufstellen, dass es das (latente) Potenzial des internen Rechnungswesens entfaltet. Aber es geht über dieses hinaus, weil es quasi von außerhalb kommend mit einer anderen Aufgabenstellung an die Daten herangeht. So gesehen ist Controlling eine Funktion, die aus dem betrieblichen Leistungsprozess ausgegliedert ist – was sich organisatorisch darin zeigt, dass Controller häufig so genannte Stabsstellen besetzen.

Nicht in den betrieblichen Leistungsprozess eingebunden, besteht das Aufgabengebiet des Controllings darin,

- Überblicksinformationen zu beschaffen, diese zu bündeln, aufzubereiten und auszuwerten,
- um so an der Planung der Unternehmensführung mitzuwirken und
- aus der Rolle als Überblickender die Planungsumsetzung steuernd zu begleiten und
- den Vollzug zu überprüfen.

Ein weiterer Vordenker des Controllings hat in diesem Sinne mit systemtheoretischer Wortwahl folgende Definition geliefert: „Controlling ist – funktional gesehen – dasjenige Subsystem der Führung, das Planung und Kontrolle sowie Informationsversorgung systembildend und systemkoppelnd ergebniszielorientiert koordiniert und so die Adaption und Koordination des Gesamtsystems unterstützt." (Horváth 2008, S. 151).

In einfacher Ausdrucksweise bedeutet dies: Aufgabe des Controllings ist das, was die Unternehmensleitung ihm zur Aufgabe macht, damit das Unternehmen sich besser an die verändernden Markt- und Umweltbedingungen anpassen kann. Daher kann es auch keine allgemein gültige Definition geben, was Controlling ist und welche Aufgaben es hat. Gleichwohl gibt es eine eindeutige Erwartung an das Controlling:

> *Durch Controlling soll ein so genannter Rationalitätszuwachs erreicht werden.*

Die Festlegungen und Entscheidungen, die ein Unternehmen treffen muss, sollen auf der Grundlage einer besseren Information, mit Berücksichtigung möglichst vieler Bedingungsfaktoren, im Rückgriff auf eindeutige Berechnungen durch Controlling vorbereitet werden. Die Durchführung dieser Entscheidungen soll zudem aus einer Perspektive von oben begleitet und kontrolliert werden. Dieser erhoffte Rationalitätszuwachs soll somit den Bereich des Abwägens von Vor- und Nachteilen und den Bereich nicht (hinreichend) begründeter Entscheidungen deutlich verkleinern.

9.2 Die Ebenen des Controllings

Entsprechend seiner engen Verbindung zur Unternehmensleitung handelt das Controlling auch auf den Ebenen, auf denen die Unternehmensleitung agiert und auf denen Unternehmensführung erfolgt. Diese Ebenen werden in der Regel in eine operative Ebene und eine strategische Ebene unterschieden.

Dementsprechend lässt sich Controlling auch in ein operatives und ein strategisches Controlling unterscheiden.

Im Bereich des operativen Controllings steht vorrangig die Frage im Raum, ob die unternehmerischen Prozesse richtig durchgeführt werden. (Tue ich die Dinge richtig?)

Eine Beantwortung erfolgt im Rückgriff auf gut eingespielte Instrumente, die zu einem Teil schon vorgestellt wurden: die Deckungsbeitragsrechnung, die Break-even-Analyse, die Ermittlung von Kennzahlen, die ABC-Analyse, die Investitionsrechnung etc. und vor allem die so genannten Soll-Ist-Vergleiche.

Im Bereich des strategischen Controllings steht eine andere Frage im Mittelpunkt: Welche Maßnahmen sind mittel- bis langfristig richtig? (Tue ich die richtigen Dinge?)

Um Antworten auf diese Frage zu erhalten, greift das Controlling auf andere Instrumente zurück: Stärken-Schwächen-Analyse, Gap-Analyse, Szenario-Analyse, Benchmarking, SWOT-Analyse, Wettbewerbsanalyse, Produktlebenszyklus-Analyse, Produkt-Markt-Matrix, die verschiedenen Portfolioanalysen, die Balanced Scorecard und andere mehr. Auch diese wurden schon teilweise in dem Kapitel über Marketingmanagement vorgestellt.

9.3 Operatives Controlling am Beispiel einer Soll-Ist-Analyse und der Investitionsrechnung

9.3.1 Ein Soll-Ist-Vergleich

Operatives Controlling folgt wie erwähnt der Leitfrage, ob die betrieblichen Prozesse richtig, d.h. entsprechend der Planung laufen. In Kapitel 8.3.4.4 wurde schon erwähnt, dass der BAB die Grundlage für einen aussagekräftigen Soll-Ist-Vergleich darstellt. Dies gilt auch für das Kalkulationsschema, in das der BAB mündet. Wie ebenfalls erwähnt, ist es gängige Praxis, aus den monatlichen BABs Durchschnittswerte, so genannte Normalzuschlagssätze, zu ermitteln, die dann, nach einer Optimierung, als Plangrößen (Soll-Größen) wirken.

Die entsprechenden BABs und Kalkulationstabellen werden anschließend um weitere Spalten ergänzt, in denen zum einen die ermittelten Kosten eingetragen und zum anderen die Ist-Zuschlagssätze ermittelt werden. Klar ist dabei der Zusammenhang: Wenn die Kosten sich ändern, ändern sich auch die Zuschlagssätze.

Darüber hinaus kann ein Unternehmen nicht davon ausgehen, dass die von ihm entwickelten Barverkaufspreise auch am Markt realisiert werden. Aus diesem Barverkaufspreis muss auch der Gewinnzuschlag rechnerisch ermittelt werden, und zwar als absoluter Betrag und als Zuschlagsgröße.

Auch die Flott'n Bike war mit der Einstellung ihres kaufmännischen Geschäftsführers, Fritz Weißbescheid, dazu übergegangen, ein regelmäßiges Controlling durchzuführen. Er stellte auch eine Assistentin ein, deren Aufgabenbereich klar von den anderen Funktionen abgegrenzt ist und die nur ihm zuarbeitet.

In der Anfangszeit begnügten beide sich mit einfachen Instrumenten. Kurz nach der Einführung des in Kapitel 8 angesprochenen neuen Rennradmodells entwickelte Fritz Weißbescheid eine Tabelle, in der er die Soll-Werte für dieses Modell auflistete. Zwar übernahm er viele Werte aus dem letzten BAB, gleichwohl rundete er die Ausgangswerte für Materialverbrauch und Fertigung geringfügig auf, da er schon jetzt Zeichen für einen Anstieg dieser Kosten sah. Die Zuschlagssätze rundete er gering-

fügig auf, da er sich intensiv darum bemühte, die Gemeinkosten besser in den Griff zu bekommen. Im Ergebnis wies seine Tabelle die nachfolgenden Soll-Beträge und Normalzuschläge auf.

Am Anfang des Folgemonats ließ er die Angaben aus dem soeben erstellten BAB eintragen und war schon auf den ersten Blick mit deutlichen Abweichungen konfrontiert, obschon die Materialeinzelkosten konstant gehalten werden konnten, die Fertigungseinzelkosten nur geringfügig gestiegen waren und der geplante Barverkaufspreis am Markt realisiert werden konnte.

	Kürzel	Bezeichnung	Soll-Betrag	Normal-zuschlag	Ist-Betrag	Ist-Zuschlag
	MEK	Material-einzelkosten	460,00 €		460,00 €	
+	MGK	Materialgemein-kosten	73,60 €	16,0 %	81,00 €	17,6 %
=	MK	Materialkosten	533,60 €		541,00 €	
+	FEK	Fertigungseinzel-kosten	110,00 €		118,00 €	
+	FGK	Fertigungsge-meinkosten	286,00 €	260,0 %	312,00 €	264,4 %
=	FK	Fertigungskosten	396,00 €		430,00 €	
=	HK	Herstellkosten (MK + FK)	929,60 €		971,00 €	
+	VerwGK	Verwaltungs-gemeinkosten	111,55 €	12,0 %	105,00 €	10,8 %
+	VertGK	Vertriebs-gemeinkosten	74,37 €	8,0 %	98,00 €	10,1 %
=	SK	Selbstkosten	1.115,52 €		1.174,00 €	
+		Gewinnzuschlag	334,66 €	30 %	276,00 €	23,5 %
=	**BVK**	**Barverkaufspreis**	**1.450,18 €**		**1.450,00 €**	

Abb. 23: Ermittlung des Barverkaufspreises

Sein zweiter Blick bleibt bei dem Gewinnzuschlag hängen. Der ist pro Rad um fast 60 Euro bzw. 6,5 Prozentprodukte niedriger als geplant. Einen Zusammenhang sieht er vor allem in den gestiegenen Fertigungs- und Vertriebsgemeinkosten. Der Anstieg der Materialgemeinkosten beunruhigt ihn demgegenüber nicht so sehr. Erstaunt ist er vor allem über den Anstieg der Vertriebsgemeinkosten, denn im Vergleich zu die-

sen sind die Verwaltungsgemeinkosten gesunken. Dies schreibt er zum einen der Ausdünnung des Fuhrparkes zu. Zum anderen hat die neue Software dafür gesorgt, dass einige verwaltungstechnische Arbeitsabläufe nun schlanker sind.

Dieses einfache Beispiel zeigt eine typische Vorgehensweise im Controlling: Ausgehend von der Planung führt es nach dem Ende der geplanten Periode und zu bestimmten Einschnitten Soll-Ist-Vergleiche durch. Die Grundlage ist in der Regel so, dass die Ist-Werte (Ist-Zuschlagssätze) auf dem Weg der Durchschnittsermittlung zu Normalwerten (Normalzuschlagssätzen) überführt werden. Diese sind dann die Planwerte (Planzuschlagssätze) für die kommenden Zeiträume.

In diesen kommt es in der Regel zu Abweichungen, denn es kommt immer anders, als man denkt (= plant). Und merkwürdigerweise ergeben sich umso mehr Abweichungen, je umfangreicher geplant wird. Controlling lebt geradezu von diesen Abweichungen und führt im Anschluss an deren Feststellung eine Abweichungsanalyse durch, indem es Gründe ermittelt, die zu diesen Abweichungen geführt haben bzw. haben könnten.

Aus dieser Analyse werden Gegenmaßnahmen ermittelt und (durch die Unternehmensleitung) eingeleitet. Wie auch immer diese aussehen, sie münden immer in eine neue Planung, welche ihrerseits Bezugsgröße für einen späteren Soll-Ist-Vergleich ist. Schematisch lässt sich somit ein Controlling-Regelkreis darstellen:

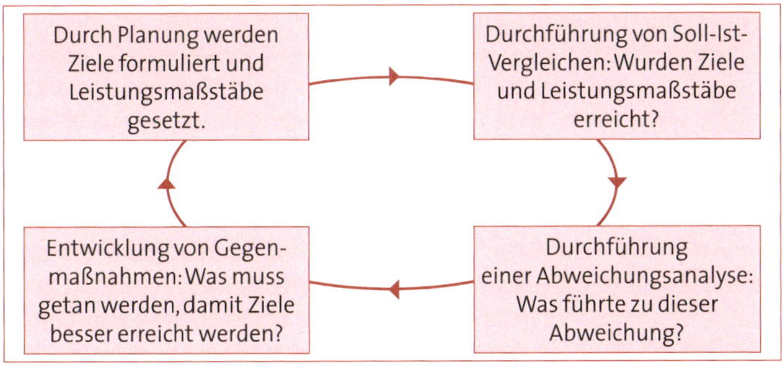

Abb. 24: Controlling-Regelkreis

9.3.2 Dynamische Investitionsrechnung am Beispiel der Kapitalwertmethode

Weiter oben wurde ausgeführt, dass mit dem Controlling die Erwartung eines Rationalitätszuwachses verbunden ist. Unternehmerische Entscheidungen sollen so vorbereitet werden, dass möglichst viele Bedingungsfaktoren berücksichtigt und in der Regel berechnet werden. Wie so ein Rationalitätszuwachs erreicht wird, lässt sich anhand der Kapitalwertmethode deutlich machen, die zur Aufgabe hat, Investitionsentscheidungen zu beurteilen. Wie nachfolgend nachvollziehbar wird, geht diese Methode bei der Beurteilung einer Investition durchaus komplex vor, indem sie Bedingungen, die die statischen Verfahren gar nicht erst in Betracht zogen, als grundlegende Entscheidungskriterien miteinbeziehen.

9.3.2.1 Die Notwendigkeit einer dynamischen Methode zur Investitionsbeurteilung

Die so genannten statischen Verfahren sind im Sinne eines modernen Controllings nicht ausreichend. Inhaltlich bezieht sich diese Kritik zum einen auf eine nicht hinreichende Berücksichtigung der zeitlichen Dimension einer Investition. Bei der Berechnung der Kosten und/oder des Gewinns bzw. der Rentabilität für ein Jahr (eine Periode) werde – so die Kritik – auf die Gültigkeit für alle Jahre geschlossen. Diesen Verfahren liege damit die Unterstellung zugrunde, dass der mit der Investition beabsichtigte Rückfluss in jedem Nutzungsjahr gleich (statisch) sei. Daher würden sie auch zu Recht als einperiodische Verfahren bezeichnet. In der Regel sei es aber so, dass die Rückflüsse einer Investition nicht gleich, sondern in ihrer Höhe unterschiedlich seien (siehe z.B. Abb. 25).

Genau dieser dynamische Tatbestand sollte in der Berechnung berücksichtigt werden, um eine größere Annäherung an die wirkliche Entwicklung zu erreichen.

Zum anderen bezieht sich die Kritik auf die Vernachlässigung des Zinseszinses. Was nachvollziehbar ist, da ja die statischen Verfahren sich auf ein Jahr beziehen und dieses auf die Laufzeit einer Investition „umlegen“. Nimmt man den Zinseszins aber mit in die Analyse, dann muss man sich mit der Aufzinsung des Kapitaleinsatzes bzw. der Abzinsung (Diskontierung) auseinandersetzen.

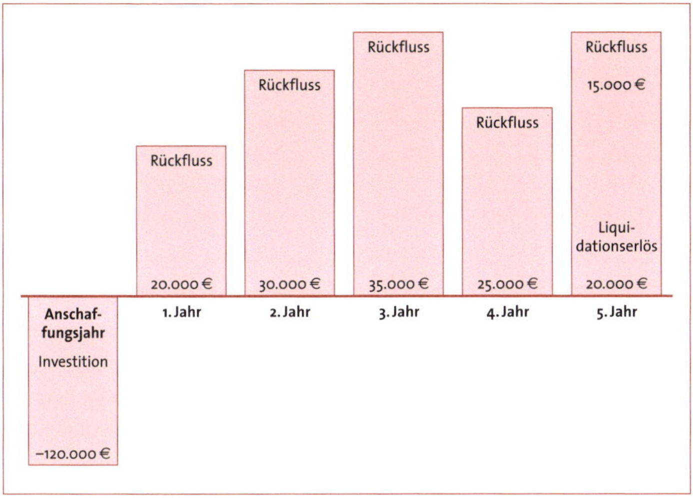

Abb. 25: Dynamischer Investitionsrückfluss

Hilfreiche Zwischenerläuterung: Aufzinsung und Abzinsung bzw. Barwert und Endwert

Bei der Beurteilung einer Investition wird der Blick immer auch auf die Finanzierung gerichtet, entweder indem bei der Beurteilung der Zins, der bei der Kapitalbeschaffung zu zahlen ist, oder der, der bei einer Anlage auf dem Kapitalmarkt erzielt werden kann, berücksichtigt wird. Bei der letzteren Variante fließt bei der Beurteilung der Investition ein Vergleich ein: Welchen Gewinn würde ich auf dem Kapitalmarkt erreichen, wenn ich dort an Stelle der Investition mein Kapital anlegen würde? Dieser Vergleich mündet dann in einen Beurteilungsmaßstab ein: Die beabsichtigte Investition soll einen Ertrag erzielen, der oberhalb des Ertrages auf dem Kapitalmarkt liegt.

Legt ein Unternehmen (oder legen wir) Geld auf dem Kapitalmarkt für eine bestimmte Laufzeit entsprechend der geplanten Nutzungsdauer der anstehenden Investition an, dann kommt es (bzw. kommen wir) in den Genuss von Zinseszinsen: Im ersten Jahr erhalten wir Zinsen ausschließlich auf das eingezahlte Kapital, ab dem zweiten Jahr werden die Zinsen auf das ursprüngliche Kapital und die im ersten Jahr erwirtschafteten Zinsen berechnet:

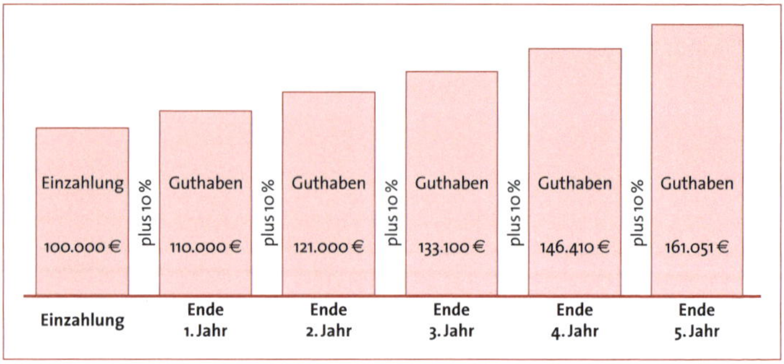

Abb. 26: Aufzinsung und Endwert

Anhand dieses Schaubildes lässt sich auch zeigen, dass bei der Berücksichtigung der Zinseszinsen das Kapital eben nicht, wie bei den statischen Verfahren jedes Jahr um den gleichen Betrag steigt, sondern im fünften Jahr schon um einen Betrag von fast 15.000 Euro, also um einen Betrag, der beinahe 50 % höher ist als im ersten Jahr. Anders ausgedrückt: Durch die Aufzinsung des Kapitals um jährlich 10 % für die gesamte Laufzeit wurde ein Endwert von 161.051 Euro erzielt.

Bei dem Beispiel, das diesem Schaubild zugrunde liegt, wurde eine Betrachtung von der Gegenwart in die Zukunft angestellt, infolgedessen eine Aufzinsung vorgenommen und ein Endwert ermittelt. Möglich ist aber auch eine umgekehrte Perspektive: Von einem gegebenen Ertrag kann ich ermitteln, wie hoch meine Einzahlung bei einem gegebenen Zinssatz und einer gegebenen Laufzeit sein muss, damit ich den gegebenen Ertrag erhalten kann.

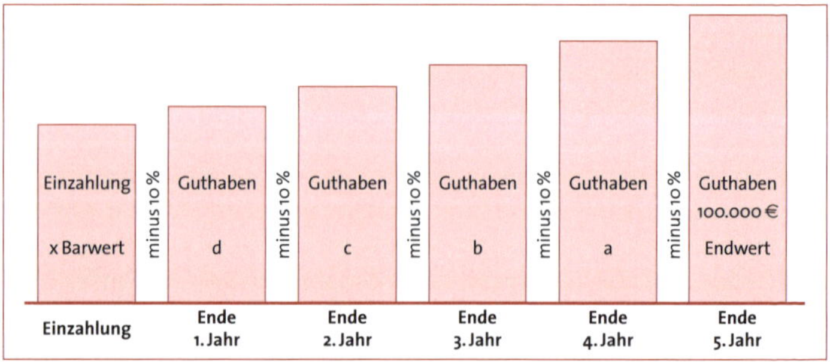

Abb. 27: Abzinsung und Barwert

Mit anderen Worten: Statt mit Blick in die Zukunft durch Aufzinsung den Endwert zu ermitteln, ermittele ich durch Abzinsung (Diskontierung) den Einzahlungswert (Barwert).

9.3.2.2 Die Anwendung der Kapitalwertmethode für die Beurteilung einer Investition

Die Kapitalwertmethode berücksichtigt bei der Berechnung beide Faktoren:

- Zum einen nimmt sie die unterschiedlichen Rückflüsse in den Blick,
- zum anderen zinst sie diese Rückflüsse mit eben dem Faktor ab, mit dem eine Kapitalanlage auf dem Kapitalmarkt verzinst worden wäre.

Das geschieht, indem bei der Berechnung die Zins- und Zinseszinserträge von den Rückflüssen abgezogen werden. Das so errechnete Ergebnis, der Kapitalwert einer Investition, gibt dann an, ob eine Investition – im Vergleich zur Kapitalanlage – vorteilhaft ist. Ist der Kapitalwert (der rechnerisch ermittelte Restwert) größer als null, dann erzielt die Investition einen höheren Ertrag, was in der Konsequenz bedeutet, dass das Unternehmen diese Investition durchführen sollte.

Mit der Kapitalwertmethode erfolgt ein Schritt in den Bereich der Finanzmathematik, in dem mathematische Formeln zu finden sind, die auf den ersten Blick außerordentlich verwirrend sind. So lautet z.B. eine der gebräuchlichen Formeln für die Kapitalwertmethode

$$C_0 = \frac{R_n}{(1+r)^n}$$

R = Rückflüsse, n = Anzahl der Perioden (Jahre), r = Abzinsungsfaktor

Vereinfacht ausgedrückt bedeutet diese Formel, dass die Rückflüsse für die geplante Nutzungsdauer um den Abzinsungsfaktor verringert werden müssen. Erklärungsbedürftig ist in diesem Zusammenhang die Darstellung der Nutzungsjahre (n) als Exponentialzahl im Nenner. Ausgedrückt wird hiermit, dass für jedes Nutzungsjahr der Abzinsungsfaktor (1 plus der für die gesamte Laufzeit zugrunde gelegte Zinssatz) entsprechend häufig mit sich selbst multipliziert werden muss. Will ich also einen Rückfluss von 25.000 Euro im dritten Nutzungsjahr bei einem zugrunde gelegten Zinssatz von 10 % (in Dezimalschreibweise: 0,1) abzinsen, dann stellt sich die Rechnung nach der obigen Formel folgendermaßen dar:

$$C_0 = \frac{R_n}{(a + r)^n} = \frac{25.000\,€}{1{,}1 \cdot 1{,}1 \cdot 1{,}1} = \frac{25.000\,€}{1{,}331} = 18.782{,}87\,€$$

Inhaltlich ausgedrückt bedeutet diese Berechnung, dass nach Abzug der Zinseszinsen der Gewinn eben nicht 25.000 Euro, sondern nur rund 18.800 Euro beträgt. Nachvollziehbar wird an dieser Stelle, dass im fünften Nutzungsjahr die Exponentialzahl nicht 3, sondern 5 beträgt, und der Abzinsungsfaktor fünfmal mit sich selbst multipliziert werden muss. Nachvollziehbar ist damit auch, dass der Nenner entsprechend größer (1,61051) und der Rückfluss im fünften Jahr nach der Abzinsung entsprechend geringer ist.

Die Berechnung des Kapitalwertes geschieht in einzelnen Schritten, bei denen jeweils

- der jährliche Rückfluss abgezinst wird,
- diese Werte dann addiert werden und
- von ihnen der Betrag der Investition abgezogen wird.

In tabellarischer Form stellt es sich so dar:

		Ausgaben	Rückfluss	Abzinsungs-faktor		Abgezinster Rückfluss
1	Investition	80.000,00 €	– €			
2	1. Jahr		15.000,00 €	$(1 + 0{,}1)^1$	1,1	13.636,36 €
3	2. Jahr		20.000,00 €	$(1 + 0{,}1)^2$	1,21	16.528,93 €
4	3. Jahr		25.000,00 €	$(1 + 0{,}1)^3$	1,331	18.782,87 €
5	4. Jahr		25.000,00 €	$(1 + 0{,}1)^4$	1,4641	17.075,34 €
6	5. Jahr		20.000,00 €	$(1 + 0{,}1)^5$	1,61051	12.418,43 €
7	Liquid. erlös		5.000,00 €	$(1 + 0{,}1)^5$	1,61051	3.104,61 €
8	Summe		110.000,00 €			81.546,54 €
9	Kapitalwert					**1.546,54 €**

Abb. 28: Berechnung des Kapitalwertes

Ersichtlich wird an diesem Beispiel, dass der Kapitalwert, der nach Abzug der Investition von der abgezinsten Summe der Rückflüsse übrig bleibt, mit 1.546,54 Euro positiv ist. Das heißt, diese Investition erwirtschaftet mit den ausgewiesenen Rückflüssen mehr als die Anlage des gleichen Betrages auf dem Kapitalmarkt, selbst wenn man für diese einen jährlichen Zinssatz von 10 % bekäme. Entsprechend der Entscheidungsregel bei der Kapitalwertmethode

Realisieren Sie nur Investitionen, die einen Kapitalwert größer null haben!

sollte diese Investition durchgeführt werden.

Deutlich wird auch, was mit dem Rationalitätszuwachs gemeint ist. Die obige Berechnung ist deutlich komplexer als die Methoden der statischen Investitionsrechnung. Entscheidungen, die auf der Grundlage solcher Berechnungen erfolgen, sind abgesicherter als jene, die den gegenwärtigen Zustand schlicht in die Zukunft verlängern. Sie sind auch unternehmerischer, weil sie den Willen, Erträge zu erzielen, zur Grundlage der Berechnung machen, und hierfür zwei Möglichkeiten (Investition oder Kapitalanlage) einplanen.

9.4 Strategisches Controlling am Beispiel der SWOT-Analyse

Nun kann man sicherlich darüber nachdenken, ob die Kapitalwertmethode nicht auch in die Zukunft gerichtet ist und damit eine strategische Dimension hat. Mit Blick auf die beiden Fragen, mit denen operatives und strategisches Controlling voneinander unterschieden werden können („Tue ich die Dinge richtig?“ bzw. „Tue ich die richtigen Dinge?“), fällt die Überlegung eindeutig aus: Die Frage lautet in anderer Formulierung: Ist es richtig, wenn ich diese Investition vornehme? Damit ist der operative Bereich angesprochen.

Deswegen soll abschließend die strategische Frage gestellt werden: Tue ich die richtigen Dinge? Eine Frage, die sich auch die Flott'n Bike stellt.

Mittlerweile ist auch in diesem Jahr die Radsaison zu Ende gegangen. Die Geschäfte liefen ganz „wacker“. Kaum Rückgänge bei Absatz und Umsatz. Nun muss die neue Saison geplant werden. Der „harte Kern“ der Flott'n Bike hat sich für eine Woche nach Südfrankreich zurückgezogen, um in der dortigen Abgeschiedenheit in Ruhe miteinander reden zu können.

Insbesondere Karl tritt als Sorgenträger auf. Ohne dass er es genau begründen kann, hat er den Eindruck, dass die Branche vor größeren Veränderungen steht und dass auch die Flott'n Bike darauf – rechtzeitig – reagieren muss. Die anderen können ihm nicht ganz folgen und werfen ihm Pauschalisierung und Schwarzseherei vor. Irgendwann kommt irgendeiner aus der Gruppe auf die Idee, auf ein Analyse-Instrument zurückzugreifen, um die Diskussion zu versachlichen und um eine eindeutigere Grundlage für die fälligen Entscheidungen zu bekommen.

Beauftragt eine Unternehmensleitung das Controlling mit der Aufgabe, strategische Entscheidungen vorzubereiten, dann öffnet sie die Tür zu einem Bereich, in dem es sehr viele Unsicherheiten und Unübersichtlichkeiten gibt. Mit dem Rückgriff auf so genannte Analyse-Instrumente soll deshalb versucht werden, diesen unsicheren und unübersichtlichen Bereich einzugrenzen, um zu möglichst eindeutigen Optionen zu kommen.

Ein typisches Controlling-Instrument ist in diesem Zusammenhang die so genannte SWOT-Analyse, die – wie andere Instrumente auch – die Matrixform benutzt, um den Blick auf Wichtiges zu konzentrieren. Auch dieses Instrument nutzt ein grobes Raster, indem es

- die Außenwelt eines Unternehmens nur im Hinblick auf Chancen (Opportunities) bzw. im Hinblick auf Bedrohungen (Threats) und
- die Innenwelt des Unternehmens nur im Hinblick auf Stärken (Strengths) bzw. Schwächen (Weaknesses) untersucht.

Die SWOT-Analyse lenkt dabei den Blick zielgerichtet darauf, welche Stärken ein Unternehmen den Bedrohungen entgegensetzen bzw. mit welchen Stärken es die Chancen nutzen kann.

Sie lenkt ferner den Blick darauf, auf welche Schwächen im Unternehmen die Bedrohungen aus der Außenwelt treffen bzw. aufgrund welcher Schwächen Chancen in der Außenwelt ggf. nicht genutzt werden können. In grafischer Form stellt sich dies wie folgt dar:

		Interne Analyse	
		Stärken/Strengths	Schwächen/Weaknesses
Externe Analyse	Chancen/ Opportunities	Welche Chancen sind in der Außenwelt und auf welche Stärken im Innenbereich des Unternehmens treffen sie?	Welche Chancen sind in der Außenwelt und auf welche Schwächen im Innenbereich des Unternehmens treffen sie?
	Bedrohungen/ Threats	Welche Bedrohungen sind in der Außenwelt und welche Stärken kann das Unternehmen entgegensetzen?	Welche Bedrohungen sind in der Außenwelt und auf welche Schwächen im Unternehmen treffen sie?

Abb. 29: SWOT-Matrix

Trotz der groben Einteilung in Stärken und Schwächen lenkt dieses Instrument doch systematisch die Aufmerksamkeit auf das Leistungsvermögen des Unternehmens selbst und entwickelt damit ein Entscheidungsraster: Hat das Unternehmen den Bedrohungen von außen Stärken entgegenzusetzen und wenn ja, in welcher Form? Oder treffen die Bedrohungen auf interne Schwächen und wenn ja, welche strategische Option ergibt sich hieraus?

Mit Blick auf die Chancen lauten dann die maßgeblichen Fragen: Hat das Unternehmen hinreichende Stärken (und wenn ja, welche?), um die Chancen auszunutzen (und wenn ja, wie kann dies am besten verwirklicht werden?). Oder verfügt es selbst bei den Chancen über Schwächen, sodass diese nicht einmal im Ansatz ausgenutzt werden können.

Auch die Flott'n Bike greift auf die SWOT-Analyse zurück. Nach einem kurzen Brainstorming werden mittels der SWOT-Analyse folgende Punkte festgehalten.

		Interne Analyse	
		Stärken/Strengths	Schwächen/Weaknesses
Externe Analyse	Chancen/Opportunities	Steigende Nachfrage nach Fahrrädern – nicht zuletzt wegen steigender Kraftstoffpreise, gleichbleibende Faszination am Radsport, gleichbleibende Begeisterung für Mountainbiking treffen auf: • hochwertige Räder, • mittlerweile breite Produktpalette, • gute Technologie, • akzeptierte Marken, • gutes Customer-Relationship-Management, • gute PR	Chancen treffen auf: • Kapazitätsengpässe in der Produktion, • knappe Kapitalbasis, • Expansionsmöglichkeiten sind erschöpft, • Vertrieb über den Fachhandel ist begrenzt
	Bedrohungen/Threats	Intensiverer Wettbewerb, Preiskampf– unterstützt durch Konzentrationsprozesse und neue aggressive Anbieter, Konkurrenz durch E-Commerce, gute Technologie treffen auf: • akzeptierte Marken, • gutes Customer-Relationship-Management, • gute PR	Bedrohungen treffen auf: • relativ hohe Produktionskosten, • kaum Spielraum für Preissenkungen bei den Markenrädern

Abb. 30: SWOT-Matrix der Flott'n Bike

Viele sehen nur die Chancen und verweisen auf die anhaltende Nachfrage nach Fahrrädern. Sie gehen sogar davon aus, dass diese Nachfrage angesichts der hohen Kraftstoffpreise noch ansteigen wird. Karl und Karin sehen am deutlichsten die Bedrohungen und verweisen vor allem auf die Existenz großer Einzelhandelsketten, die gezielt bei anderen Her-

stellern beziehen. Mit einigem Stolz verweisen alle auf die Stärken der Flott'n Bike. Erst nach einem längeren Gedankenaustausch sehen sie auch die Schwächen. Diese bestehen zusammengefasst darin, dass die Flott'n Bike am derzeitigen Standort nicht expandieren kann und dass für eine weitere Expansion – mit einem neuen Gebäude – die notwendigen Finanzmittel nicht vorhanden sind.

Auch sehen sie, dass ihr bisheriger Absatzkanal an Grenzen stößt: Es können – so die Schätzung – zwar noch einige Fachhändler in Deutschland dazu bewegt werden, mehr Fahrräder der Flott'n Bike abzunehmen, aber die Steigerungsrate bewegt sich im einstelligen Bereich. Die Nutzung des Internets als Vertriebskanal scheidet aus: Alle Fachhändler haben die Zusicherung der Flott'n Bike, dass deren Markenräder nur über sie vertrieben werden.

Angesichts dieser Ausgangslage tun sich alle schwer, strategische Optionen ins Auge zu fassen. Irgendwann tauchen brauchbare Ideen auf:

- *Die Internationalisierung vorantreiben und auf eine größere Präsenz in anderen europäischen Ländern hinarbeiten;*
- *zu diesem Zweck Kooperation oder gar Verschmelzung mit größeren europäischen Herstellern (in Italien?);*
- *mit diesen Entwicklung von Fahrrädern im mittleren Preissegment;*
- *eine weitere Kooperation, um in den Bereich der E-Bikes und der Fahrradelektronik zu kommen;*
- *mit diesen neuen Produkten Ausweitung der Vertriebsaktivitäten in die neuen EU-Staaten;*
- *ggf. Aufbau einer Produktionsstätte in Slowenien oder Kroatien.*

Alle diese Ideen sind noch ein ganzes Stück davon entfernt, Strategien zu sein. Aber sie geben die Richtung vor, wie weiter zu planen ist. Notwendig sind auf jeden Fall weitere Informationen: Wie ist der Markt in den angesprochenen Zielgebieten? Wer kommt als Kooperationspartner in Betracht? Wie könnten diese Kooperationen aussehen? Wie kann weiteres Kapital besorgt werden? Oder würde durch die Kooperation neues Kapital in die Flott'n Bike fließen?

Es bleibt viel zu tun! Und bei aller Analyse bleibt die Zukunft immer ein Stück unsicher.

9.5 Abschließende Bemerkungen

In den einleitenden Sätzen zu diesem Kapitel wurde behauptet, dass Controlling eine interne Dienstleistung für die Unternehmensleitung erfüllt. Dementsprechend führt Controlling die Aufgaben durch, die ihm die Unternehmensleitung zur Aufgabe macht. Diese Aufgaben können zum einen auf einer operativen Ebene liegen, was bedeutet, dass das Controlling überprüft, ob das Unternehmen die geplanten „Dinge" richtig umsetzt. Sie können zum anderen einer strategischen Ebene angehören, was bedeutet, dass das Controlling seinen Beitrag dazu leistet, dass die richtigen „Dinge" geplant werden. Auf beiden Ebenen werden ganz unterschiedliche Werkzeuge und Instrumente benutzt, die zu einem großen Teil schon in der Betriebsbuchhaltung vorhanden sind. Auf beiden Ebenen geht es immer um einen Rationalitätszuwachs: Alle unternehmerischen Maßnahmen sollen eingehender durchdacht und überprüft werden, damit sie auf der Grundlage gesicherter Erkenntnis zu einem möglichst langfristigen Erfolg des Unternehmens beitragen.

Fragen zur Vertiefung und Festigung

1. Wie lauten die beiden Ebenen, auf denen Controlling tätig ist? Nennen Sie jeweils Beispiele!
2. Erklären Sie in Ihren eigenen Worten, was ein Soll-Ist-Vergleich ist!
3. Über welche Schritte verfügt der Controlling-Regelkreis?
4. Wie lauten die Kritikpunkte an der statischen Investitionsrechnung?
5. Beschreiben Sie in Ihren eigenen Worten die SWOT-Analyse! Was leistet sie?

10 Personalmanagement

Am Ende von Kapitel 8 wurde die Behauptung aufgestellt, dass mit dem Rechnungswesen die Funktionen, die ein Unternehmen auf jeden Fall erfüllen muss, fast abgeschlossen seien. Die durch das „fast“ ausgedrückte Einschränkung bezog sich auf das Personalmanagement, das bisher noch nicht dargestellt wurde.

Sofern wir berufstätig sind, machen wir alle Erfahrungen mit ihm, denn in wohl jedem Unternehmen, in jeder Organisation, gibt es eine Personalabteilung, bei der unsere Personalunterlagen liegen und von der wir in der Regel unsere Gehalts- bzw. Lohnabrechnungen bekommen.

Wir unterstehen damit immer „irgendwie“ einem Personalmanagement, das in den einzelnen Unternehmen ganz unterschiedlich organisiert ist, weil ihm auch unterschiedliche Bedeutung beigemessen wird. Unser Blick resultiert in der Regel aus unseren Belangen: So stellen wir bisweilen Fehler in der Gehaltsabrechnung oder bei der Auflistung unserer Urlaubstage fest. Und unsere Vergütung empfinden wir meistens als zu niedrig.

Der Blick eines Unternehmens ist demgegenüber anders: Zum einen hat es immer die Gesamtmenge des Personals im Blick. Und wenn wir unser Entgelt als zu niedrig ansehen (und uns über die vielen Abzüge von unserem Brutto ärgern), sieht ein Unternehmen unser Gehalt als Teil umfassender Personalkosten, die sich aus der Summe aller Gehälter, zuzüglich der Arbeitgeberaufwendungen für die Sozialversicherungen, ggf. zuzüglich der Umlage für Insolvenzgeld, Entgeltfortzahlung im Krankheitsfall bzw. Mutterschaftsgeld, zuzüglich etwaiger Aufwendungen im Rahmen der betrieblichen Sozialpolitik ergeben.

Sofern ein Unternehmen diesen Funktionsbereich als reine Personalwirtschaft betrachtet, sieht es in ihm meistens eine lästige, aber notwendige Aufgabe und führt diese entsprechend nachlässig durch. In diesem Fall sieht es seine Aufgabe in der reinen Mitarbeiterversorgung und einer Entgeltpolitik, die versucht, zwischen möglichst geringen Personalkosten und der Motivation zu möglichst umfassender Leistung auszubalancieren.

Davon deutlich unterschieden sind die Empfehlungen der BWL, die in den Mitarbeitern „das wertvollste Kapital des Unternehmens“ (wie es manchmal vollmundig in Unternehmensleitbildern ausgedrückt wird) sieht und darlegt, wie das Personalmanagement zeitgemäß und professionell durchgeführt werden sollte.

Diese Empfehlungen gehen davon aus, dass unternehmensintern erhöhte Anforderungen an Mitarbeiter gestellt werden, sodass passende Mitarbeiter nicht ohne weiteres auf dem Arbeitsmarkt beschafft werden können. Sie gehen des Weiteren von den Veränderungen im Zuge des so genannten demografischen Wandels (der Veränderung innerhalb der Bevölkerung) aus und betonen, dass in den kommenden Jahren die Zahl der ausscheidenden älteren Fachkräfte deutlich größer ist als die Zahl der nachkommenden jüngeren Fachkräfte. Was in der Konsequenz bedeutet, dass passende Fachkräfte ein knappes Gut werden.

Entsprechend langfristig müsse die Personalplanung sein. Diese bezieht sich dabei auf veränderliche Größen:

- zum einen auf den quantitativen und
- zum anderen auf den qualitativen Personalbedarf.

Beide sind schwer abschätzbare Größen. Für den kurzfristigen quantitativen Personalbedarf eignet sich ein einfaches Kalkaluationsschema, das genau wie das Beschaffungsmanagement aus dem Bruttobedarf im Jahr XY durch Abzug des vorhandenen Bestandes und den schon bekannten Zu- bzw. Abgängen den Nettobedarf ermittelt.

Auch was Mitarbeiter in diesem Zeitraum allein in qualifikatorischer Hinsicht können müssen, ist schlecht abschätzbar, klar ist nur, dass es gut ist, wenn das Personal möglichst gut und ausbaufähig qualifiziert ist.

Ist bekannt, wie viele Mitarbeiter in welcher Qualifikation benötigt werden, muss wiederum ähnlich der Logistik die Personalbeschaffung und die sich daran anschließende Personalauswahl organisiert werden. Vor allem der Personalauswahl komme – so die BWL – dabei entscheidende Bedeutung zu.

Klar ist, dass jedes Unternehmen das richtige Personal in der richtigen Menge (zur richtigen Zeit und am richtigen Ort) sowie mit der richtigen Qualifikation benötigt. Letztere ist aber nicht nur fachlicher Art.

Gerade weil die technologische Entwicklung in manchen Branchen außerordentlich rasch voranschreitet, werden Mitarbeiter benötigt, die ohne größeren Aufwand die technologischen Entwicklungen mitvollziehen und ihre Qualifikationen anpassen. Notwendig sind somit ausgeprägte methodische Kompetenzen, mit deren Hilfe Mitarbeiter schnell hinzulernen und Gelerntes umsetzen.

Zu diesen raschen und nicht absehbaren Veränderungen, die auch in persönlicher Hinsicht bewältigt und verarbeitet werden müssen, kommt ein zunehmender Druck zu einer reibungslosen Zusammenarbeit hinzu. Im Ergebnis bedeutet dies, dass die richtige Qualifikation verschiedene Teilbereiche hat:

> ***(Zukünftige) Mitarbeiter müssen die geforderten fachlichen, methodischen, sozialen und persönlichen Kompetenzen aufweisen, damit sie für das Unternehmen den bestmöglichen Nutzen bringen.***

Diese Kompetenzen können nicht hinreichend durch eine Analyse der Bewerbungsunterlagen oder in einem Bewerbungsgepräch überprüft werden. Verstärkt wird deswegen zu Tests (z.B. zum Bochumer Inventar zur berufsbezogenen Persönlichkeitsbeschreibung) oder sogar zu einem Assessment-Center gegriffen.

Die Eigenart der Assessment-Center-Auswahl kann in Kurzform mit dem Mehrfachprinzip umrissen werden, da mehrere Bewerber mehrere Übungen bisweilen an mehreren Tagen durchführen müssen und dabei von mehreren Personen beobachtet werden.

Die Übungen sind hinsichtlich der jeweiligen Kompetenzen breit gefächert. Darüber hinaus ist Stress ein tragendes Prinzip des Assessment-Centers, vielleicht nicht so sehr, um die Stressresistenz der Bewerber zu überprüfen, sondern um jene Kompetenzen beobachten zu können, die dann zum Vorschein kommen, wenn die (Bewerber-)Fassade unter dem Stress Risse bekommt.

Aufgrund der oben beschriebenen Faktoren ist die Personalentwicklung (PE) zunehmend mehr in den Blick des Personalmanagements gekommen. Bei ihr geht es um eine Verbesserung der Mitarbeiterqualifikation, die (möglichst genau) den zukünftigen Qualifikationsanforderungen des Unternehmens entspricht.

Ausgangspunkt jeder (guten) Personalentwicklung ist demzufolge die (möglichst genaue) Bestandsaufnahme des Qualifikationsbedarfs innerhalb des Unternehmens (welche Kompetenzen müssen/sollten unsere Mitarbeiter zukünftig haben?). In einem weiteren Schritt wird dann eine Potenzialanalyse durchgeführt, bei der systematisch die vorhandenen Kompetenzen ebenso ermittelt werden wie das vermutete bzw. entwickelbare Potenzial der Mitarbeiter.

Sind im Ergebnis das Anforderungsprofil (auf Unternehmensseite) und die Eignungsprofile (auf Mitarbeiterseite) bekannt, können Qualifizierungsinhalte und Methoden bestimmt werden, die die Lücke zwischen den beiden Profilen schließen sollen.

Überspitzt ausgedrückt, formt sich ein Unternehmen mit der Personalentwicklung seine eigenen Mitarbeiter. Es setzt dabei schon bei der Ausbildung an, die entsprechend professionell, bei Berücksichtigung der o.a. Kompetenzbereiche und mit methodischer Vielfalt von qualifizierten Ausbildern durchgeführt werden muss und an die sich Personalentwicklung und Laufbahnentwicklung anschließen.

In einem modernen Unternehmen sind Mitarbeiter somit in einem doppelten Sinn „das wertvollste Kapital“: Einerseits sind sie es, die den den Wertschöpfungprozess durchführen, und andererseits können sie dieses nur, wenn in sie investiert wird – entsprechend dem Bedarf des jeweiligen Unternehmens.

Ist in Mitarbeiter investiert worden, entsteht das Problem, wie diese Mitarbeiter langfristig an das Unternehmen gebunden werden können. Hier können verschiedene Maßnahmen der betrieblichen Sozialpolitik greifen. Diese stehen wie alle Maßnahmen, die ein Unternehmen ergreift, unter einem klaren Diktat: Aufwand und Ertrag müssen in einem guten Verhältnis stehen.

11 Zusammenfassende Bemerkungen

Es war die erklärte Absicht dieses Buches, die BWL all jenen näherzubringen, die bislang wenig Berührung mit dieser Lehre und ihren Themengebieten hatten und/oder sich schwer mit ihnen taten. Auch sollte es jenen, die sich auf die Prüfung „BWL für Nichtkaufleute“ oder auf eine ähnliche Prüfung vorbereiten, wirksame Hilfestellungen geben.

Das Buch konnte nur einen Überblick über einige zentrale Themenbereiche der Betriebswirtschaft liefern – und zwar in einer lebendigen, praxisbezogenen und nachvollziehbaren Weise. Aus diesem Grund nahm es immer wieder Bezug auf Situationen aus dem Geschäftsleben der Flott'n Bike, um praktische Fragestellungen zu entwickeln und um mit ihnen Erklärungen der Betriebswirtschaft zu verdeutlichen. Aus ebendiesem Grund setzte es bei den betrieblichen Grundfunktionen (was ein Unternehmen alles leisten muss) an und erläuterte in den nachfolgenden Kapiteln diese Funktionen in einigen Kernbereichen.

Andere durchaus lohnende Themenbereiche (Organisation, Produktions- und Qualitätsmanagement, Unternehmensführung sowie weitere Instrumente aus dem internen Rechnungswesen und dem Controlling) mussten leider außen vor bleiben.

Mit diesem Durchgang durch den Leistungsumfang von Unternehmen wollte es die grundlegende betriebswirtschaftliche Denkweise deutlich machen. Neben allen Einzelheiten sollte vor allem eines klar werden:

> *So denken Betriebswirte und Unternehmer, so gehen sie an Aufgaben und Probleme heran.*

Ebendeswegen wurde auch deutlich mehr als in anderen Einführungen erklärt, begründet und die Aussagen entwickelt. Dieser Absicht lagen mehrere Annahmen zugrunde:

- Die spezifische Denkweise hält die Themengebiete der Betriebswirtschaft wie eine Klammer zusammen.
- Erst von dieser Denkweise her lassen sich die vielen Erklärungen und Instrumente der BWL inhaltlich verstehen. Auf ihrer Basis lässt sich zudem leicht weiterlernen.

- Ist einem die spezifische Denkweise der BWL einigermaßen vertraut, dann sind ihre Themengebiete nicht mehr voneinander getrennte und abstrakte Wissensgebiete, sondern Werkzeuge, um unternehmerisch zu handeln.

Der Hinweis auf die obigen Annahmen erfolgt in guter Absicht und hat doch gute Chancen, „schräg" anzukommen. In einem übergreifenden Sinne betriebswirtschaftlich/unternehmerisch zu denken, ist auch eine Frage der persönlichen Arbeitssituation. Einer Sekretärin, die aufgrund der Menge der zu erledigenden Aufgaben (und der vielfältigen Wünsche ihrer Vorgesetzten) Mühe hat, diese Aufgaben zu bewältigen, oder einem Mitarbeiter in der Buchhaltung, der jeden Tag eine kaum zu überschauende Menge an Geschäftsvorfällen verbuchen muss (und schon mit Sorge an den nächsten Monatsabschluss denkt), liegt es aus verständlichen Gründen fern, in einem übergreifenden Sinne betriebswirtschaftlich/unternehmerisch „an das Ganze" zu denken. Und doch kann die Kenntnis dieser Denkweise die eigene Arbeitssituation erleichtern: Man weiß, worum es insgesamt geht, und einiges wird wohl transparenter.

Da es das Ziel war, die unternehmerische Denkweise näherzubringen, ist eine Zwischenbemerkung angebracht. Schon mit dieser Einführung dürfte offensichtlich geworden sein, dass die BWL ein großes Spektrum an Themen abdeckt und eine Fülle an Wissen bereithält. Diese aufzunehmen und sich zu eigen zu machen, ist eine Herausforderung, die Zeit benötigt. Sie sollte aber nicht zu der irrigen Annahme führen, dass die Menge des gelernten Wissens der Garant für die erfolgreiche Arbeit in einem oder für die Leitung eines Unternehmens ist.

BWL ist handlungsorientiertes Wissen, zu dem die situationsgerechte Umsetzung, das Können, immer hinzukommen muss. Erst wenn die jeweilige unternehmerische Situation verstanden ist, kann ein Rückgriff auf Wissen erfolgen.

Das Buch hat die Notwendigkeit, nur einen Überblick zu liefern, gerne angenommen. Dementsprechend ging es mit den herkömmlichen Systematiken der meisten Einführungen in die Betriebswirtschaftslehre kreativ um und hat wie alle Einführungen nicht alle Themengebiete der BWL behandelt. Rückblickend betrachtet hätte dieser Umgang mit den typischen Systematiken vielleicht kreativer und die Darstellung noch praxisorientierter sein können.

Wie geht es weiter mit der Flott'n Bike?

Die Flott'n Bike hat im Anschluss an ihre SWOT-Analyse Kooperationen ins Auge gefasst und wenig später durchgeführt: Sie fusionierte mit einem italienischen Hersteller. Da ihr Marktanteil nicht oberhalb von 30 % lag, war dieser Zusammenschluss für die „Wettbewerbshüter" volkswirtschaftlich unschädlich. Ob die Flott'n Bike mit dieser Fusion einer gesicherten Zukunft entgegensehen kann, muss an dieser Stelle leider offenbleiben. Vielleicht ist – um einen Begriff der Produkt-Markt-Matrix zu verwenden – der aktuelle Markt der Fahrradherstellung und des Fahrradverkaufs so gut zwischen den etablierten Anbietern aufgeteilt, dass die Flott'n Bike nur ein Modellunternehmen für dieses Buch sein konnte. Gleichwohl wäre es lohnend zu schauen, wie die Flott'n Bike in anderen Situationen handelt, wie sie ihre eigene Organisationsstruktur fortlaufend anpasst und wie sie ihr Personal auf die Bewältigung schwieriger unternehmerischer Aufgaben vorbereitet.

---

12 Hilfreiche Hinweise für die Prüfung und Lösungen zu den Fragen

12.1 Die Prüfung

Häufig steht am Ende eines Wissenerwerbs eine Prüfung, wie immer diese auch im Einzelnen aussieht. Entweder müssen Sie in schriftlicher Form Fragen beantworten bzw. Aufgaben lösen oder Sie müssen vor einem Prüfungsausschuss zu einem bestimmten Thema, einer betriebswirtschaftlichen Aufgabenstellung, einen Vortrag halten, diesen mit einer Präsentation unterstützen und für ergänzende Fragen zur Verfügung stehen.

Die Aufgabe der Prüfer besteht darin, herausfinden, ob Sie hinreichende Kenntnisse und Fertigkeiten erworben haben. Das Kriterium „hinreichend" ergibt sich zum einen aus dem Lehrplan, der für den Lehrgang oder für die Aus- bzw. Weiterbildung vorgegeben ist, sowie zum anderen aus der Prüfungsordnung.

Daneben haben Prüfer auch eigene Vorstellungen über jene Kenntnisse und Fertigkeiten, die mit dem Berufsbild verbunden sind, nicht zuletzt, weil die meisten Prüfer aus der Praxis kommen. Mit dem Zertifikat dokumentieren die Prüfer, dass man Ihnen in der Praxis höherwertige Aufgaben in einem Unternehmen übergeben kann. Die Prüfer haben damit eine Aufgabe, die mit einiger Verantwortung verbunden ist – auch Ihnen gegenüber. Sollte der Prüfungsausschuss feststellen, dass Sie die vorgeschriebenen Kenntnisse und Fertigkeiten nicht haben, dann kann das für Sie auch ein Schutz sein: Sie werden davor bewahrt, Aufgabengebiete zu übernehmen, die Sie zur Zeit evtl. überfordern.

Viele Erwachsene erleben solche Prüfungen als eine schwer wiegende Belastung, wenn nicht gar als Bedrohung. Prüfungen sind sicherlich immer unangenehm, denn im Vorfeld ist nur eingeschränkt überschaubar, was einen in der Prüfung erwartet. Ein Stück weit fühlt man sich zu Recht ausgeliefert.

Gleichwohl muss die Prüfung keine persönliche Katastrophe sein, die die persönliche Lebensqualität bedroht.

Ergänzend zu den Lösungen der Überprüfungs- und Vertiefungsfragen finden Sie nachfolgend einige Hilfestellungen, die in vielen Fällen die lästigen Prüfungen entstresst haben und zu einer erfolgreichen Prüfung führten.

Während des Lehrganges

Es kann schon hilfreich sein, sich zu vergegenwärtigen, dass die Prüfung am Ende eines Lehrganges steht. Das klingt banal und dennoch lässt sich beobachten, dass gleich zu Beginn des Lehrganges – mit Sorgen und Grauen – an die Prüfung gedacht wird. Das behindert bei vielen die Fähigkeit, aufzunehmen und das Gelernte zu verarbeiten. Bedenken Sie also: Sie haben Zeit, sich vorzubereiten, und Themen, die für Sie nicht unmittelbar nachvollziehbar sind, erschließen sich Ihnen wahrscheinlich mit der Zeit.

Auch ist es hilfreich, sich ins Bewusstsein zu rufen, dass Lernen immer ein individueller und aktiver Vorgang ist. Das mag abstrakt und/oder banal klingen, auch kann es als moralischer Appell verstanden werden, dem zufolge neben dem Lehrgang noch hinreichend „gepaukt" werden muss. Gemeint ist mit diesem Satz, dass jeder Einzelne die Informationen, die er sieht und hört, anders verarbeitet. Auch ganze Zusammenhänge (wie z.B. ein Lehrgang) müssen individuell verarbeitet werden.

Lernen hat – überspitzt ausgedrückt – viel mit Nahrungsaufnahme gemeinsam: Ohne einen entsprechenden Appetit (und ohne entsprechende Muße) wenden wir uns dem Essen nicht mit der wünschenswerten Intensität zu. Da kann sich der Koch noch so viel Mühe geben, es schmeckt uns nicht. Wir nehmen es nicht mit der entsprechenden Bereitschaft zum Genuss (zum Schmecken) auf. Wir kauen es nicht oder lassen es uns nicht auf der Zunge zergehen – und – verdauen es dementsprechend nicht richtig. Das Aufgenommene (Heruntergeschluckte) bleibt ein Fremdkörper in unserem Magen.

Bezogen auf das Lernen bedeutet dies: Entwickeln Sie Fragestellungen. Was besagt die jeweilige Erklärung der BWL? Für welches unternehmerische Problem bietet sie eine Hilfestellung? Was sagt sie Ihnen?

Während eines Lehrganges und wahrscheinlich auch während der Prüfungsvorbereitung werden Sie manches Mal die Feststellung machen, dass Sie etwas vergessen. Vielleicht werden Sie diese Feststellung überhöhen und sich sagen, dass Sie alles vergessen haben und vielleicht sofort eine Verbundenheit mit anderen feststellen, denen es genauso geht, oder – schlimmer noch – glauben, dass es nur Ihnen so geht. In solchen Fällen ist es durchaus hilfreich, sich zu vergegenwärtigen, dass Sie die meiste Zeit des Tages mit anderen Aufgaben intensiv beschäftigt sind (und noch Ihr Privatleben regeln müssen). Das, was Sie nebenher lernen, gerät geradezu zwangsläufig in den Hintergrund, wenn Sie es in Ihrem Alltag nicht benötigen. Aber wenn es im Hintergrund ist, ist es eben nicht weg, Sie brauchen nur eine bestimmte Zeit, um an dieses Wissen wieder heranzukommen.

Bei der Prüfungsvorbereitung

Viele Lernende sind in dieser Phase intensiv mit der Frage beschäftigt, was die Prüfer von ihnen wissen möchten. Dies kann eine hilfreiche Frage sein, aber nur dann, wenn eine bestimmte Voraussetzung erfüllt ist (siehe unten!). Dies ist keine hilfreiche Frage, wenn Sie die Prüfung als eine ausgeprägte Situation des Ausgeliefertseins empfinden. In diesem Fall begeben Sie sich in einen Wettlauf zwischen Hase und Igel, bei dem Sie der Hase sind und nie ans Ziel kommen. Sie können nicht vollständig erraten, was die Prüfer Sie fragen können.

Hilfreicher ist es, wenn Sie sich überlegen, was Sie den Prüfern zu den einzelnen Themengebieten mitteilen möchten. Was möchten Sie Prüfern zum Themengebiet Marketing, was zum Thema Kosten- und Leistungsrechnung etc. sagen? Es hilft Ihnen auch, wenn Sie sich hierbei davon frei machen, unbedingt exakt die Systematik, die Ihnen präsentiert wurde, zu wiederholen. Sie können sich auch von der inneren Verpflichtung frei machen, unbedingt hundertprozentig das Vokabular zu reproduzieren. Abweichungen wird man Ihnen bereitwillig nachsehen (wenn sie nicht ganz gravierend sind – was beispielsweise dann der Fall wäre, wenn Sie Aufwand und Ertrag verwechseln). Sollten Sie aber z.B. nicht die grundsätzliche Funktion und Wirkungsweise des Marketings erläutern können, wird das die Prüfer irritieren.

Auf das, was Sie den Prüfern mitteilen möchten, können Sie sich zudem gut vorbereiten.

In einer einfachen Form schreiben Sie in Aufsatzform auf, was Ihnen zu diesen Themengebieten einfällt. Sie werden feststellen, was Sie wissen und wo Sie noch unsicher sind. Sie werden also gezielt Fragen entwickeln, denen Sie in der Vorbereitung weiter nachgehen können.

Sofern Sie nette und hilfsbereite Menschen in Ihrer Nähe haben, können Sie diese bitten, Ihnen zuzuhören. Sie geben diesen Menschen z.B. dieses Buch in die Hand und erklären Ihnen dann, was Sie zu den einzelnen Themengebieten mitteilen möchten. Mehr noch als bei der schriftlichen Form, werden Sie feststellen, dass Sie einiges wissen, dass aus einer Aussage eine weitere folgt, kurz: dass Sie ins Reden kommen. Auch werden Sie merken, wo Sie unsicher sind.

Der hilfreiche Mensch braucht dabei noch nicht einmal Kenntnisse der BWL zu haben; er sollte Ihnen auch keine Rückmeldung geben, ob es richtig oder falsch war. Er soll Ihnen Gelegenheit geben, zu erzählen! Und sollten Sie einmal Schwierigkeiten haben, ins Erzählen zu kommen, oder sollten Sie stocken, reicht es schon, wenn er wahllos ein Stichwort aus dem Buch oder aus Ihrer Darlegung (was schwieriger ist) aufgreift, z.B. in der Form, dass er Ihnen sagt: „Sag doch mal etwas zur Produktpolitik!“ usw.

Diese Art der Vorbereitung wird Sie nicht vollends von der Unsicherheit befreien, ob das, was Sie wissen, vollkommen richtig ist. Gleichwohl bekommen Sie ein inneres Fundament: Ich weiß einiges! Und das hilft Ihnen, selbstbewusster in die Prüfung zu gehen.

Wenn Sie in einer Arbeitsgruppe lernen – was sehr zu empfehlen ist! –, dann lohnt sich ein Rückgriff auf einfache Moderationsmethoden. Wenn Sie zusammenkommen, schreiben Sie (auf Karten oder einfachen Blättern) zum einen individuell jene Themen auf, bei denen Sie den Eindruck haben, dass Sie mit ihnen etwas anfangen können, dass Sie zu ihnen etwas sagen können. Zum anderen schreiben Sie jene Themen auf, mit denen Sie nichts anfangen können, die Ihnen nichts sagen, bei denen Sie den Eindruck haben, dass Sie nichts wissen.

Wenn Sie in der Gruppe dann die Karten zusammenlegen, werden Sie wahrscheinlich feststellen, dass Sie sich ergänzen: Was einer nicht weiß, weiß ein anderer. Wenn Sie sich mit Themen beschäftigen, bei denen der Eindruck überwiegt, dass Sie über sie nicht genug wissen, fangen Sie an, Ideen zu sammeln: „Ich glaube, dieses Thema hat etwas zu tun mit ...!" oder „Ich glaube, dahinter verbirgt sich ...".

Wahrscheinlich werden Sie sehr viel Wissen zusammentragen, und falls es Ihnen nicht reicht, formulieren Sie Fragen, denen Sie weiter nachgehen können.

Bei der schriftlichen Prüfung

Wahrscheinlich wird es Ihnen bei der schriftlichen Prüfung genauso gehen wie vielen anderen: Sie erhalten das Aufgaben-/Fragenblatt und sind geschockt! Mit den Aufgaben/Fragen können Sie nichts anfangen, Sie wissen nicht, was man von Ihnen wissen will. Vielleicht kommt ein kleiner Anflug von Panik auf. Begrüßen Sie ihn und atmen Sie tief durch. Er kann Ihnen auch genügend Energie für die Bewältigung der Fragen/Aufgaben bereitstellen.

Gehen Sie sodann mit Gegenfragen an die Frage/Aufgabe heran: Wie verstehe ich die Frage? In welchem Zusammenhang steht diese Frage? Auf welches Problem zielt die Fragestellung ab? Machen Sie dann Ihre Gedanken transparent: „Meines Wissens zielt die Frage auf Folgendes ab: ..." oder „Hierzu ist Folgendes zu sagen ...".

Sie mögen (vielleicht!) damit den Gehalt und die Absicht der Frage/Aufgabe nicht voll getroffen haben. Aber Sie haben Ihr Wissen angeboten. Und Sie werden anders aus dieser Prüfung herausgehen.

In der Prüfung

Kein Prüfer will Ihnen absichtsvoll schaden. Er hat die oben beschriebene Aufgabe und die will er erfüllen. Sollten Prüfer Fragen stellen, bei denen Sie zunächst den Eindruck haben, dass Sie mit ihnen nichts anfangen können, sagen Sie, dass die Frage bei Ihnen verwirrend angekommen ist, und bauen Sie eine Brücke: „Vielleicht wollen Sie mit Ihrer Frage auf Folgendes hinaus." Und dann legen Sie dar, was Sie dazu wissen.

Vielleicht entsprachen Ihre Ausführungen nicht dem, was die Prüfer beabsichtigten. Dann werden die Prüfer die Frage wahrscheinlich in veränderter Form noch einmal stellen. Genauso wie Sie nicht zweimal in den selben Fluss steigen können (denn das Wasser ist weitergeflossen!), erwischt Sie die Frage jetzt anders: Sie haben gerade schon etwas zu dem Thema dargestellt und in Ihrem Gehirn sind Verbindungen geschaffen worden, die vorher nicht aktiv waren. Die Chancen, dass Sie jetzt mehr mit der Frage anfangen können, sind nun deutlich größer, ebenso die Chancen, dass Sie etwas Sinnvolles zur Frage sagen können.

Viel Glück!

12.2 Lösungen zu den Fragen

Kapitel 2:

1. Eigene Antwort
2. Die BWL stellt Wissen über Unternehmen und das Handeln auf Märkten bereit. Sie verweist auf die Vorgaben, die ein Unternehmen zu erfüllen hat, und gibt Hilfestellung für eine erfolgreiche Vermarktung, eine vorteilhafte Beschaffung und Steuerung eines Unternehmens. Die VWL stellt Überblickswissen über gesamtwirtschaftliche Zusammenhänge zur Verfügung. Sie richtet sich in erster Linie an staatliche Einrichtungen, die mit diesem Wissen gesamtwirtschaftliche Prozesse beeinflussen.
3. Um das Formalziel einer Umsatzsteigerung zu erreichen, muss ein Unternehmen auch Sachziele verfolgen: Das Sortiment den Kundenwünschen anpassen, die Produktqualität verbessern etc. Hierfür muss ein Unternehmen u.a. die Mitarbeiter über diese Ziele aufklären, sie hierfür gewinnen, qualifizieren und motivieren.
4. Für eine erfolgreiche Zielverfolgung sollen sie spezifisch auf die Mitarbeiter und die Situation zugeschnitten sein, sie sollten messbar sein, u.a. damit ihre Erreichung kontrolliert werden kann, sie sollten attraktiv sein, damit sie mit der entsprechenden Energie verfolgt werden, sie sollten realistisch und auch zeitlich festgelegt sein.
5. Zielinhalt: Welches Ziel soll erreicht werden?; Zielausmaß: Wie sieht die quantitative Seite des Zieles aus?, Zeitbezug: In welcher Zeit soll es erreicht werden?, Zielträger: Wer soll das erreichen?

Kapitel 3

1. Eigene Antwort
2. Der Absatz verkauft das betriebliche Leistungsprogramm an die Kunden; er verwertet das Leistungsprogramm, indem er dafür sorgt, dass finanzielle Mittel in das Unternehmen zurückfließen. Er schließt den Wertschöpfungsprozess ab.
3. Primärer Prozess: Wertschöpfungsprozess, bestehend aus Beschaffung, Produktion und Absatz.
   Sekundärer Prozess: Unterstützungsprozess, bestehend aus Personal-, Rechnungswesen etc., der den Wertschöpfungsprozess unterstützt, indem er diesen plant, organisiert und möglichst reibungslos gestaltet.
4. Wertschöpfung besteht darin, aus einer eingesetzten Menge an Kapital mehr Kapital zu schaffen. Die Menge an finanziellen Mitteln, die durch den Absatz erzielt wird, übersteigt die Menge, die für Beschaffung, Produktion etc. ausgegeben wurde.
5. Alle unternehmerischen Aktivitäten, vor allem die im Wertschöpfungsprozess, sind mit Kosten verbunden. Die unternehmerischen Aktivitäten stehen insofern unter einem logistischen Diktat, als dass alle überflüssigen Aktivitäten, Lagerungen usw. vermieden werden sollen.

Kapitel 4

1. Eigene Antwort
2. Rechtsformen sind ein staatliches Regulationsinstrument. Sie sollen für Identifizierbarkeit und für eine klare Risikoabschätzung sorgen. Letztlich geht es um ein Mindestmaß an Verlässlichkeit.
3. Kapitalgesellschaften sind eigene Rechtspersönlichkeiten. Ebendeswegen haften sie nur mit ihrem Geschäftskapital. Ebendeswegen werden sie mit einer eigenen zusätzlichen Steuer belegt.
4. Zum einen muss geklärt werden, ob eine alleinige Geschäftsführung/Eigentümerschaft angestrebt wird. In diesem Fall scheidet eine Personengesellschaft oder eine Kapitalgesellschaft mit weiteren Personen aus. Zum anderen gilt es zu klären, welche Haftung eingegangen werden soll.

5. UGs und GmbHs haften nur mit ihrem Geschäftskapital. Eine Fremdfinanzierung, die über die Summe des Geschäftskapitals hinausgeht, steht immer in Gefahr, „verloren“ zu gehen.

Kapitel 5

1. Eigene Antwort
2. Jede unternehmerische Tätigkeit zeichnet sich dadurch aus, dass zunächst Kapital ausgegeben wird, um Anlagen (Maschinen), Rohstoffe etc. einzukaufen. Die Rechnungen hierfür müssen entsprechend zeitnah bezahlt werden. Erst dann werden die entsprechenden Produkte hergestellt und – wiederum mit zeitlicher Verzögerung – verkauft. Die hierfür ausgestellten Rechnungen werden entsprechend dem Zahlungsziel bezahlt. Zwischen Zahlungsausgang und Zahlungseingang besteht also immer ein zeitlicher Unterschied.
3. Liquidität bedeutet sofort verfügbares Geld. Ein Unternehmen benötigt immer eine solche Menge an liquiden finanziellen Mitteln, dass die aktuellen Verbindlichkeiten bezahlt werden können.
4. Innenfinanzierung: Die finanziellen Mittel kommen aus dem Unternehmen, z.B. einbehaltener Gewinn, Abschreibungswerte, Rückstellungen etc.
   Außenfinanzierung: Die finanziellen Mittel fließen dem Unternehmen von außen zu, z.B. durch Aufnahme eines neuen Gesellschafters, der von außen kommt.
   Eigenfinanzierung: Die finanziellen Mittel gehören dem Unternehmen, sie sind im Eigentum des Unternehmens, z.B. der erwirtschaftete Gewinn.
   Fremdfinanzierung: Die finanziellen Mittel sind nicht das Eigentum des Unternehmens, z.B. der Bankkredit.
5. Auf der Ausgabenseite: Leasing: Die benötigten Betriebsmittel (Maschinen, Fuhrpark, EDV etc.) werden nicht gekauft, sondern „gemietet“.
   Auf der Einnahmeseite: Factoring: Das Unternehmen tritt die Rechnungen an seine Kunden an einen Factor ab. Der begleicht den Rechnungsbetrag sofort (in der Regel abzüglich einer Gebühr) und erhält anschließend diesen Geldbetrag von den Kunden des Unternehmens.

Kapitel 6

1. Individuelle Antwort
2. Käufermarkt: Angebot ist größer als Nachfrage; Käufer bestimmen, wo, bei wem sie kaufen; Käufer haben Verhandlungsmacht.
   Verkäufermarkt: Angebot ist kleiner als Nachfrage; Verkäufer haben Verhandlungsmacht; Verkäufer organisieren ihren Absatz nur, keine/kaum Aktivitäten, um Kunden zu gewinnen oder an sich zu binden.
3. Die Phasen: Einführungsphase – Wachstumsphase – Reife- und Sättigungsphase – Degenerationsphase.
   Die grundsätzliche Aussage besteht darin, dass jedes Produkt – in welcher konkreten Ausgestaltung auch immer – einen solchen Lebenszyklus durchläuft und irgendwann nicht mehr (in ausreichendem Maß) von den Kunden nachgefragt wird.
4. Die BCG-Matrix greift den Produktlebenszyklus auf und bietet vier Klassifizierungen für die Produkte an. Entsprechend ihrem Wachstum und ihrem relativen Marktanteil sind Produkte: „Questionmarks“ (oder „Problem Children“), „Stars“, „Cashcows“ oder „Poor Dogs“. Für jede Klasse von Produkten gibt es entsprechende Strategieempfehlungen (Normstrategien).
5. Product: Produktpolitik
   Price: Preis-/Kontrahierungspolitik
   Place: Distributionspolitik
   Promotion: Kommunikationspolitik

Kapitel 7

1. Zu den Sachaufgaben der Logistik gehören jene Aufgaben, die mit den 6 Rs bezeichnet werden: Die richtige Ware in der richtigen Beschaffenheit/Qualität in der richtigen Menge zum richtigen Preis zum richtigen Zeitpunkt am richtigen Ort.
   Zu den formalen/monetären Aufgaben zählt die Kostenminimierung durch Vermeidung alles Überflüssigen.
2. Beschaffungslogistik: kümmert sich um eine bedarfsgerechte Beschaffung (hinsichtlich Art und Zeit) und optimiert die Lieferungen zum Unternehmen.
   Produktionslogistik: sorgt sich um eine bedarfsgerechte Herstellung (hinsichtlich Art und Zeit) bei minimalem Kostenaufwand.

Distributionslogistik: ist zuständig für physische Distribution der hergestellten/beschafften Güter zu den Kunden.
Entsorgungslogistik: ist beauftragt, die gesetzlichen Vorgaben hinsichtlich der Abfallbehandlung umzusetzen und hierbei eine möglichst vorteilhafte Kostenstruktur für das Unternehmen herzustellen. Entsorgung mit geringstmöglichem Aufwand, Wiederverwertung mit Vorteil für das Unternehmen.
(Informationslogistik: kümmert sich um einen reibungslosen Informationsfluss vom Absatzmarkt über die Beschaffung zum Lieferanten.)
3. Supply Chain: Versorgungskette vom Lieferanten bis zum Kunden, mit dem Zwischenschritt über das herstellende/beschaffende Unternehmen.
Supply-Chain-Management: Das produzierende/beschaffende Unternehmen behandelt diese Versorgungskette als einheitlichen, zusammenhängenden Prozess.
4. Beschaffungsmarketing ist die „Umkehrung" des Absatzmarketings: Ein Unternehmen geht gezielt auf den Beschaffungsmarkt zu, erhebt kontinuierlich Daten über ihn (Anbieter, weitere Nachfrager, Tendenzen etc.) und stellt sich als bestmöglicher Nachfrager für die Anbieter heraus.
5. Optimale Bestellmenge ist jene Bestellmenge, bei der die Summe aus Lager- und Bestellkosten am geringsten ist. Sie kann tabellarisch oder mit der Bestelloptimum-Formel errechnet werden.

Kapitel 8.2

1. Durch die Erfassung aller Geschäftsvorfälle dokumentiert das externe Rechnungswesen die geschäftliche Entwicklung. Die Bilanz gibt auf der Grundlage dieser Erfassung Auskunft über die Ertrags-, Finanz- und Vermögensverhältnisse. Diese werden durch die Bilanz dokumentiert. Die Bilanz gibt zudem Rechenschaft hierüber, vorrangig mit Blick auf die Eigentümer und Gesellschafter.
2. Vorrangig im HGB, sodann in der Abgabenordnung; auch in den rechtsformspezifischen Gesetzen sowie im Publizitätsgesetz, daneben gelten noch die Grundsätze der ordnungsgemäßen Buchführung.
3. Grundsatz der Wahrheit, der Klarheit, der Vorsicht, der Wirtschaftlichkeit und Wesentlichkeit; des Weiteren: Handelsgebräuchlichkeit,

Kontenwahrheit, Belegprinzip, Abfassung in einer lebendigen Sprache, Imparitätsprinzip, Niederstwertprinzip.

4. Die Bilanz richtet sich an alle an dem Unternehmen interessierten Anspruchsgruppen: Eigentümer, Gesellschafter u.a. Sie sollen mit der Bilanz in Kurzform über die Vermögens-, Finanz- und Ertragslage informiert werden. Die Bilanz ist des Weiteren die Grundlage der Steuerbilanz, mit der die Steuerlast ermittelt wird.
5. Durch Inventur zum Inventar! Inventur: Bestandsaufnahme der Vermögenswerte und Schulden; Inventar: Verzeichnis der Vermögenswerte und Schulden.

Kapitel 8.4

1. Bei der Kostenartenrechnung werden die Kosten systematisch erfasst, um dann bei der Kostenstellenrechnung zu klären, wo sie angefallen sind. Schließlich werden sie in der Kostenträgerrechnung den betieblichen Leistungen zugeordnet.
2. Ein BAB listet in systematisierter Form auf, wo welche Kosten angefallen sind und wie die Gemeinkosten auf die Kostenstellen umgelegt werden können. Nach der Umlage der Gemeinkosten und der Ermittlung der Gemeinkostenzuschlagssätze lassen sich auf seiner Grundlage die Herstell- und Selbstkosten einer betrieblichen Leistung ermitteln.
3. Die Formel: Preis/Erlös minus variable Kosten ergibt den Deckungsbeitrag. Mit dieser Rechnung wird ermittelt, wie groß der Geldbetrag ist, der zur Bestreitung der fixen Kosten zur Verfügung steht.
4. Beim Break-even-Point wird die Schwelle zum Gewinn überschritten. Ab dieser Menge an Produkten sind die Kosten gedeckt und jedes weitere Produkt trägt zum Gewinn bei.
5. Externes Rechnungswesen:
   – Nach außen, an Gesellschafter etc. gerichtet
   – Zweck: Erstellung des Jahresabschlusses
   – Rechenschafts-, Dokumentations- und Kontrollfunktion

   Internes Rechungswesen:
   – Nach innen, an Geschäftsleitung gerichtet
   – Zweck: Kostenerfassung und Leistungsberechnung
   – Gewinnung von Daten zur Unternehmenssteuerung

Kapitel 9

1. Gemeint sind die strategische und die operative Ebene. Letztere ist mit der Überprüfung beschäftigt, ob die unternehmerische Entwicklung entsprechend der Planung verläuft (Tue ich die Dinge richtig?) oder ob die unternehmerischen Aktivitäten wirtschaftlich erfolgreich sind. Hierzu greift sie auf die Deckungsbeitragsrechnung, die Investitionsrechnung etc. zurück.
   Auf der strategischen Ebene (Tue ich die richtigen Dinge?) trägt das Controlling zur Strategiefindung bei, indem es notwendige Informationen beschafft und Analysen durchführt.
2. Der Soll-Ist-Vergleich kann in einer einfachen Form dadurch durchgeführt werden, dass aufgrund der BABs Soll-Vorgaben entwickelt werden und diese mit den folgenden BABs verglichen werden. (Was sollte sein und was kam raus?) Die Abweichungen können dann mit weiteren Verfahren untersucht werden.
3. Der Controlling-Regelkreis bezeichnet die wiederkehrende Schrittfolge von:
   1) Mitwirkung an der Planung/Festlegung von Leistungsmerkmalen
   2) Abgleich dieser Leistungsmerkmale mit dem erreichten Ergebnis
   3) Analyse der Abweichungen
   4) Berücksichtigung der so erreichten Ergebnisse für die neue Planung und die neue Festlegung neuer Leistungsmerkmale. Diese werden dann wieder mit dem erreichten Stand verglichen.
4. Die Kritikpunkte beziehen sich zum einen auf eine ungenügende Berücksichtigung der zeitlichen Entwicklung. Dies bezieht sich vor allem darauf, dass die statischen Verfahren unterstellen, dass das Ausgangsjahr den Folgejahren entspricht, und nicht berücksichtigen, dass die Folgejahre unter anderem zu anderen Rückflüssen führen können. Ein weiterer Kritikpunkt bezieht sich darauf, dass die Zinseszinsen nicht berücksichtigt werden.
5. Die SWOT-Analyse versucht herauszufinden, ob ein Unternehmen in der zukünftigen Entwicklung bestehen kann (und wie es handeln sollte). Sie untersucht die äußere Entwicklung in Hinblick auf Bedrohungen und Chancen und analysiert, ob das jeweilige Unternehmen diesen Bedrohungen und Chancen mit Stärken und/oder Schwächen begegnet. Sie leistet also einen Beitrag zur Strategiefindung.

Literaturverzeichnis

Horvath; Peter: Controlling, München 2003

Hutzschenreuter, Thomas: Allgemeine Betriebswirtschaftslehre, Wiesbaden 2009

Langenbeck, Jochen: Kosten- und Leistungsrechnung, Herne 2011

Meffert, Heribert: Marketing – Grundlagen marktorientierter Unternehmensführung, Wiesbaden 2012

Nieschlag, Robert; Dichtl, Erwin; Hörschgen, Hans: Marketing, Berlin 2002

Runia, Peter; Wahl, Frank; Geyer, Olaf; Thewißen, Christian: Marketing – Eine prozess- und praxisorientierte Einführung, München 2005

Weber, Jürgen; Schäffer, Utz: Einführung in das Controlling, Stuttgart 2008

Wöhe, Günter; Döring, Ulrich: Einführung in die Allgemeine Betriebswirtschaftslehre, München 2010

Stichwortverzeichnis

F

G

H

I

K

L

M

Über Herausgeber und Autor

FORUM Berufsbildung ist ein freier und gemeinnütziger Bildungsträger in Berlin, der sich insbesondere für eine teilnehmerorientierte und praxisnahe Weiterbildung einsetzt. Seit 1985 bietet das FORUM Berufsbildung Fortbildungen, Umschulungen, Fernlehrgänge, Ausbildungen, Seminare und berufsbegleitende Weiterbildungen an. Ein großer Teil der Maßnahmen schließt mit externen (Kammer-)Prüfungen ab. Nicht nur die Nähe zur Praxis und die hohe Qualifikation der Dozenten zeichnen das Bildungsangebot aus, sondern auch der enge Kontakt zwischen Teilnehmern, Lehrkräften und Studienleitern.

Mit diesen umfassenden Erfahrungen mit beruflicher Qualifikation und Prüfungsvorbereitung und als unabhängiger und neutraler Bildungsträger fungiert das FORUM Berufsbildung als beratender Herausgeber für die Reihe „Grundwissen".

Heinz-Josef Engbring-Lammers studierte Sozialwissenschaften, Geschichte und Philosophie, bevor er sich u.a. in den Bereichen BWL und Marketing, Supervision, Coaching etc. weiterbildete. Seit vielen Jahren ist er als Dozent in der Erwachsenenbildung tätig, daneben arbeitet er als Supervisor und Organisationsentwickler.

Sein Hauptanliegen ist eine dialogorientierte Herangehensweise an Unterrichtsinhalte: Sich als Dienstleister für die Lernenden verstehend, nimmt er Bezug auf die individuellen Erfahrungshorizonte der Lernenden und erklärt aus dieser Perspektive die einzelnen Themengebiete. Es ist sein Anliegen, deutlich zu machen, auf welche praktischen (= unternehmerischen) Fragen und Probleme die Themengebiete der BWL Antworten geben.